全国农业职业技能培训教材
科技下乡技术用书
"为渔民服务"系列丛书
全国水产技术推广总站•组织编写

匙吻鲟生态健康养殖技术

吉　红　主编

海洋出版社
2018年 · 北京

内 容 简 介

本书由水产推广部门和高校水产学科的专家学者合作编写而成，阐述了鮰吻鮈人工养殖的全过程，总结了国内外鮰吻鮈养殖的先进理念和实践经验，系统地介绍了当前鮰吻鮈养殖的最新实用技术，收集了养殖鮰吻鮈具有代表性的典型实例。本书以“生态健康养殖”为理念，注重科学放养、生态调水、强化抗病免疫力等关键技术环节。主要内容包括鮰吻鮈生物学特点、苗种繁育技术、成鱼生态养殖技术、疾病防治技术等。

本书理论联系实际，通俗易懂，可操作性强，既可供水产养殖一线的技术和管理人员及专业养殖户学习，也可作为水产业研究人员的参考资料。

图书在版编目（CIP）数据

鮰吻鮈生态健康养殖技术/吉红主编．—北京：海洋出版社，2018.8

（“为渔民服务”系列丛书）

ISBN 978-7-5210-0152-5

Ⅰ.①鮰…　Ⅱ.①吉…　Ⅲ.①鮈科-鱼类养殖　Ⅳ.①S965.215

中国版本图书馆 CIP 数据核字（2018）第 165168 号

责任编辑：朱莉萍　杨　明

责任印制：赵麟苏

海洋出版社　出版发行

http：//www.oceanpress.com.cn

北京市海淀区大慧寺路 8 号　邮编：100081

北京朝阳印刷厂有限责任公司印刷　　新华书店发行所经销

2018 年 9 月第 1 版　2018 年 9 月北京第 1 次印刷

开本：787mm×1092mm　1/16　印张：8.25

字数：113 千字　定价：35.00 元

发行部：62132549　邮购部：68038093　总编室：62114335

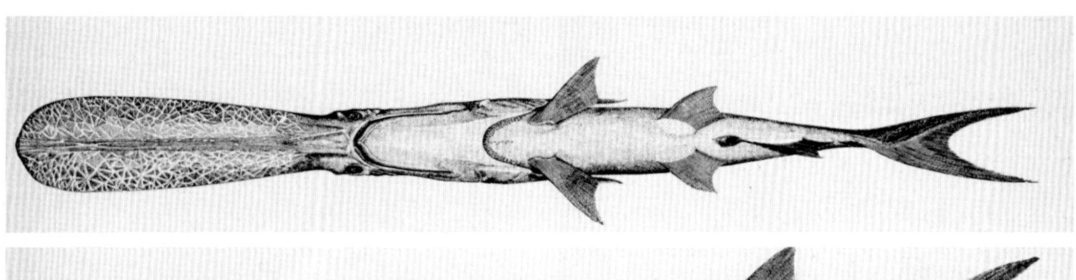

1 匙吻鲟

2 匙吻鲟腹面图和侧面图

3 亲鱼注射催产药物

4 井水曝气装置

5 沉性受精卵孵化设备

6 灯下水泵抽水收集饵料

7 池塘饵料收集

8 生物饵料

9 鱼苗驯食人工饲料

10 苗种池塘架设盖网

11 安康水产试验示范站匙吻鲟养殖池塘防鸟网

12 匙吻鲟网箱养殖

13 网箱浮力装置

14 网箱框架的设置

15 浮动式网箱的布局

16 网箱养殖灯光诱饵

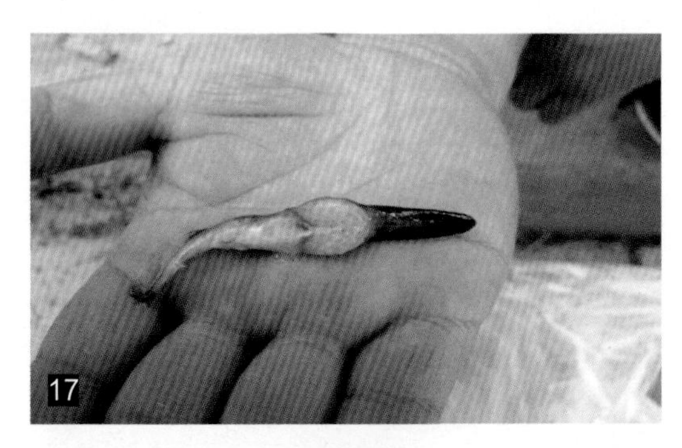

17 匙吻鲟气泡病

18 匙吻鲟小瓜虫病

19 王从军网箱养殖基地

20 瀛湖库区匙吻鲟网箱养殖基地

21 蒋思军网箱养殖基地

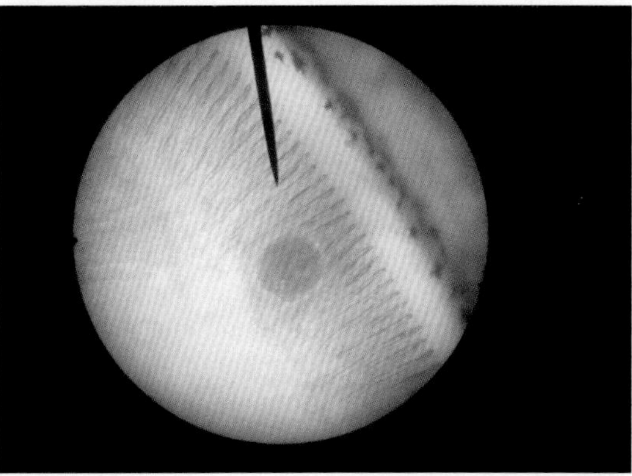

《匙吻鲟生态健康养殖技术》编委会

主　　编：吉　红

副 主 编：卞秋云　单世涛

编　　委：王　涛　李志安　李　婧　刘阳洋

刘富强　张　磊

前　言

匙吻鲟，又名美国匙吻鲟，俗称“鸭嘴鲟”。其分类学地位为鲟形目、匙吻鲟科，和分布于我国长江水系的白鲟（中华匙吻鲟、中国剑鱼，自然种群数量已很少）同为匙吻鲟属的亚种。该鱼原产于美国密西西比河流域，分布于美国中、北部的大型河流及主要支流，是一种名贵的大型经济鱼类，最大个体可达90千克以上。匙吻鲟肉质鲜美，无肌间刺，吻部富含胶原蛋白，营养丰富，是宴席上的美味佳肴。其鱼籽酱品质上乘，在国际市场价格昂贵，喻之“软黄金”。鱼皮可制成上等饰品和皮具。

1988年匙吻鲟被首次引入我国，由湖北省水产局组织科技人员从美国引进鱼苗3 000尾，在该省仙桃市试养成功。1990年4月，在湖北省水产局的帮助下，从密西西比河畔空运回匙吻鲟受精卵，在仙桃市经水产技术推广中心科技人员精心操作，孵化鱼苗5 000尾，成活2 000余尾。后经一年饲养，最大个体体长60厘米，体重达到1千克。20多年来，匙吻鲟已推广到我国湖北、河南、安徽、福建、江苏、北京、天津、辽宁及陕西等20多个省、市、区养殖，取得了良好的经济效益。

匙吻鲟自然生活于水面开阔、水流平缓的江河水域，以浮游动物为主要天然饵料。其适应温度范围广，既可在华北0℃以下的冰下生存，也可在华南32℃以上水温的池塘中正常生活。该鱼生长快，当年个体体重可达1千克以上，2龄鱼体重可达2.5千克以上。匙吻鲟主食浮游动物，似鳙，是水域生态环境改良的理想品种；其生长快、价格高，可部分替代鲢、鳙养殖。

匙吻鲟引入我国并得到广泛推广，形成了不同地域的养殖特点和技术亮点。湖北省在匙吻鲟苗种繁育方面技术成熟，苗种产量大，约占全国生产量的70%以上。广东省在池塘高密度精养方面形成了水质调控、配合饲料投喂、综合防病等措施配套的技术体系，在连片静水池塘亩[①]产可达2 000千克以上。陕西等地，在湖泊、水库大水面及网箱不投饵养殖方面积累了丰富经验。西北农林科技大学、陕西省水产工作总站及安康市渔业局等单位，在陕西省安康市瀛湖库区开展匙吻鲟网箱不投饵养殖试验，总结出"灯光诱饵""网箱布设及合理密度"等成熟经验，经中央电视台农业频道播放，受到全国各地同行关注，纷纷前往学习交流，引进其养殖技术。汉江水系作为南水北调水源涵养地，通过不投饵饲养匙吻鲟等滤食性鱼类，对于改善和调节水质，使天然水域形成生物链良性循环，水质自然净化发挥了重要作用。同时，增加了当地群众收入，改善了人们膳食需求，取得了良好的生态、经济和社会效益。西北农林科技大学吉红博士，作为国际鲟鱼养护学会会员，于2017年2月在美国水产学会南部分会主办的匙吻鲟专题研讨会上，应邀做了题为《美洲匙吻鲟在中国的分布及养殖现状》的口头报告，受到国际同仁的肯定和赞许。

在匙吻鲟推广养殖过程中，各地在探索养殖技术经验的同时，也

① 亩为非法定计量单位，1亩≈666.67平方米。

总结出养殖过程中的注意事项。一是匙吻鲟对水体溶氧要求较高，要求水质清新，水体溶氧需保持在5毫克/升以上。二是该鱼性情温顺，游动缓慢，生活于水的中上层。苗种培育池要加设盖网，以防鸟类侵袭。三是苗种阶段饵料要充足适口，满足其摄食需要，并根据生长大小及时分池培育，否则相互咬伤残亡，严重影响成活率。四是该鱼体表少鳞，皮肤细嫩，生产操作要小心谨慎，以防损伤。五是苗种运输时要溶氧充足，投放时要调节好水温（袋、池温差小于2℃），缓慢放入。六是该鱼对药物敏感，防治鱼病时慎用重金属盐类药物等。

本书以匙吻鲟的生物学特点为基础，突出讲解了人工苗种繁育、成鱼养殖、科学防治鱼病等技术，阐述了该鱼在大水面生态环境调节保护中的作用。

本书内容通俗易懂，图文并茂，可操作性强，为业内同行学习交流和广大养殖户生产致富提供了可供参考借鉴的实用教材。

目　　录

第一章
匙吻鲟养殖状况及前景展望

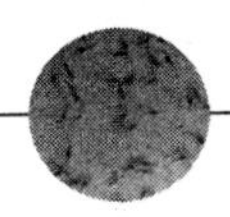

第一节　匙吻鲟养殖历史与现状

一、养殖历史

匙吻鲟隶属鲟形目匙吻鲟科，是全球27种鲟鱼之一，属于淌水滤食性鱼类，自然分布于美国密西西比河流域22个州的大多数河流。匙吻鲟的得名是因它的吻特别长，呈扁平，如桨状。作为一种大型的淡水经济鱼类，匙吻鲟寿命在30年以上，性成熟一般要在8龄以上，它的食性与中国水产养殖业中的主要的传统鱼类——鳙十分相似，其生长速度快，被誉为生长最快的淡水鱼之一。

匙吻鲟的人工繁殖于1963年在美国获得成功，目前在美国，除少量商业养殖外，匙吻鲟主要作为增殖放流的对象。如在匙吻鲟产地之一的肯塔基州，匙吻鲟已被确定为在水源地放养的重要鱼类。1992年，由于担心国际鱼子酱贸易存在非法捕捞行为，美国鱼类及野生动植物管理局（USFWS）将匙吻鲟列入《濒危物种国际贸易公约》（CITES）的野生动植物濒危物种附录II里。苏联于20世纪70年代中期开始引进匙吻鲟，西欧、东南亚一些国家则于90年代初陆续引进。当前，除原产地美国外，俄罗斯、德国、南斯拉夫、伊朗等国也有匙吻鲟养殖。

匙吻鲟在中国已有近30年的养殖历史，大致可分为三个阶段。

第一阶段：引进与试养阶段（1988—1999年）

1988年，湖北省水产局等五家单位联合，首次从美国Auci game fisheries公司引进3 000尾匙吻鲟鱼苗，在湖北省仙桃市试养；1990年4月，一批匙吻鲟受精卵从密西西比河畔空运至仙桃市水产技术推广中心安家落户，经科技人员精心养护，孵化育苗5 000尾，成活2 000余尾，后经一年饲养，最大个体体长60厘米，体重达到1千克，从此拉开了国内匙吻鲟养殖的序幕。之后，国家农业部、科技部、水利部等先后立项支持匙吻鲟的引种、繁殖与养殖的研究，为发展匙吻鲟产业起到积极的推动作用。

我国水库放养匙吻鲟始于1993年，相关工作首先在湖北省开始，之后发展到江西、河南和湖南。网箱养殖匙吻鲟始于1998年，最先在湖北省麻城浮桥河水库进行养殖，而后逐渐发展到其他省份。在这一阶段，匙吻鲟推广到河南、安徽、福建、江苏、北京、天津、四川、重庆等十多个省市养殖，并取得良好效果。

第二阶段：突破与发展阶段（1999—2009年）

1999年，匙吻鲟作为食用鱼被列入农业部扶持开发项目。2001年3月，湖北省宜昌市天峡鲟业有限公司首次对全人工养殖的匙吻鲟进行全人工繁殖成功，用于人工繁殖的亲鱼绝大部分来源于首次引进的匙吻鲟鱼苗或第二代成熟的亲本，从此改变了我国长期依靠美国提供匙吻鲟鱼卵的局面。2002年4月，该公司用2001年产过卵的亲鱼再次繁殖成功，形成了规模化的苗种繁育体系与成熟的饲料加工工艺，苗种成活率由开始时的不到10%，提高到

60%以上。与此同时，匙吻鲟成鱼养殖水平也迅速提高。

2007 年，西北农林科技大学安康水产试验示范站将匙吻鲟从湖北引进陕西安康，并帮助当地农民进行水库网箱养殖，该地区成为北方匙吻鲟养殖较为集中的区域之一。2008 年《浙江省地方标准无公害匙吻鲟苗种生产技术规范及成鱼养殖技术规范》颁布。至此，广东、广西、海南、湖南、江西、吉林等地也在进行匙吻鲟养殖。

第三阶段：快速发展阶段（2009 年至今）

2009 年，农业部颁布第 1169 号公告，推荐匙吻鲟为适宜推广养殖的引进种。山西、新疆等地也陆续引进匙吻鲟作为特种经济鱼类进行养殖。

2010 年 11 月，中央电视台《致富经》栏目以“大学毕业引爆高中时的财富发现”为题制作了一期节目，报道了西北农林科技大学 08 届毕业生张磊在陕西安康瀛湖创业，养殖匙吻鲟的创业历程。节目播出后在全国引发了广泛的反响，增进了全社会，尤其是业界对匙吻鲟的了解。2012 年《北京市地方标准匙吻鲟人工孵化育苗技术操作规范》颁布。一批匙吻鲟相关项目在各地获奖，如“匙吻鲟规模化繁育与养殖特色产业科技示范”获得 2013 年度湖南省农业丰收奖二等奖；“匙吻鲟高效养殖技术与示范”获 2013 年安康市政府科技进步特等奖和陕西省科学技术三等奖。

2015 年 8 月，中央电视台《科技苑》摄制组走进安康瀛湖库区，就西北农林科技大学安康水产试验示范站选择匙吻鲟、研发无公害不投饵技术、在生产一线进行技术推广的工作，采访试验站团队及养殖户，拍摄制作了匙吻鲟净水养殖科技节目《养鱼还能不喂食》，再次宣传了这条生态鱼。2016 年，全国匙吻鲟鱼苗产量大约为 5 300 万尾，产区集中于长江流域的湖北省和四川省；当年的商品鱼产量为 4 400 吨，广东省、湖北省、四川省名列前三位。

2017 年 2 月，由美国水产学会南部分会主办的主题为“匙吻鲟：全球资源管理的生态学、养殖学及监管挑战”的专题研讨会，在俄克拉荷马州首府俄克拉荷马城举行，引起了匙吻鲟研究者的广泛关注，笔者代表中国匙吻鲟研究者应邀参会，并作了题为《美洲匙吻鲟在中国的分布及养殖现状》的报告。

当前，国内匙吻鲟产业呈现出蓬勃发展的态势。

二、养殖现状

目前，匙吻鲟的养殖已由这条鱼引进之初的湖北省推广到全国20多个省市，其养殖模式主要有三种：一是池塘养殖，包括主养和套养匙吻鲟；二是网箱养殖，有投饵与不投饵两种模式，其中“网箱不投饵养殖”是近年来向养殖户推荐的一个主要的网箱养殖模式；三是水库等大水体放养。在我国，匙吻鲟已成为继西伯利亚鲟、杂交鲟之后，位列第三的鲟鱼类引进养殖种。

如前所述，中国的匙吻鲟繁育场主要集中于湖北省和四川省，其中四川2016年的匙吻鲟苗种繁殖量占总量的19%，而湖北省的占75%。虽然匙吻鲟繁殖主要在湖北省进行，实际上，大多数苗种是运往广东进行成鱼培育，商品鱼在当地集中销售。

总体看来，匙吻鲟健康生态养殖已显示出良好的经济效益、生态效益和社会效益，具有广阔的推广应用前景。匙吻鲟规模化、集约化养殖呈现良好发展势头，有很多企业和公司看好匙吻鲟养殖，纷纷注入资金进行批量生产经营，过去传统的零星单池小生产经营方式已逐渐向连片集约化规模养殖方式转变。

第二节　匙吻鲟养殖前景展望

一、面临的主要挑战

匙吻鲟产业蓬勃发展的同时，也面临一些挑战。

1. 种苗规模化生产能力有限，种质资源退化

种苗是匙吻鲟养殖业发展的基础，当前匙吻鲟养殖业的快速发展与种苗供应严重不足的矛盾日益突出。由于匙吻鲟的性成熟较晚（雌性 10 龄左右，雄性 8 龄左右），匙吻鲟产卵亲鱼数量严重不足，进而影响了苗种产量。目前，大规模的匙吻鲟苗种繁育基地仍比较缺乏，只有为数不多的大型单位从事匙吻鲟人工繁殖和引种工作，匙吻鲟苗种年产量远不能满足市场需求。

另外，目前匙吻鲟生产过程中时有畸形苗种出现，也有养殖户反映，养殖匙吻鲟过程中疾病越来越多，过去则比较少见。由于近几年几乎没有从美国引进土著匙吻鲟受精卵或者亲本，用于人工繁殖的亲鱼绝大部分来源于首次引进的匙吻鲟鱼苗或第二代成熟的亲本，近亲繁殖可能导致物种某些优良性状的退化，抗病力下降，发病率、死亡率升高。

2. 缺乏专用饲料

匙吻鲟终生摄食浮游生物，但也能很好地摄食人工配合饲料。匙吻鲟摄食量大，对饵料的适口性要求高，在 4 厘米左右的特定时期，一旦食物得不到满足，还会发生“咬尾”现象，造成大量死亡。国内外市场尚无匙吻鲟专用配合饲料，国内养殖多用蛙类和乌鳢膨化饲料，国外则多用鲑鳟和斑点叉尾鮰或杂交条纹鲈饲料，限制了匙吻鲟养殖业的快速发展。近年来，国内有厂家开始尝试生产匙吻鲟配合饲料。

3. 健康养殖生产体系还没有完全建立起来

我国已建成水库 8 600 余座，可养水面 200 多万公顷，具有巨大的渔业潜力。匙吻鲟适合在大水体放养，且由于其滤食的特性，还具有净化水体的功能，尤其适合在封闭性的、具备越冬条件的中小型水库的放养。尽管在科研

和生产一线，匙吻鲟养殖技术体系研究方面已开展了较多工作，如水利部水生态工程研究所、水科院黑龙江水产研究所等单位在长江、黄河、黑龙江流域部分水库放养的试验结果均表明，我国大部分水库的生态条件适宜匙吻鲟的要求，但标准化的库区增殖放流的生产体系还没有完全建立起来。另一方面，随着国家对投饵网箱养殖规模的限制，对池塘高产高效养殖技术的需求也非常迫切。当前，匙吻鲟苗种培育、成鱼养殖等各个环节的成活率还不很理想，区域性养殖技术体系还不健全，如北方盐碱地区匙吻鲟能否养殖尚缺乏科学的数据；由于匙吻鲟不耐低氧，其长途运输还是技术难题，在夏季尤其如此。

同时，随着匙吻鲟养殖集约化的发展，匙吻鲟患病的几率越来越高，包括真菌、细菌感染及寄生虫等，除种质资源的可能原因外，这些疾病的发生还与长期养殖造成环境污染和水质恶化，片面追求单产而提高养殖密度，以及为节约成本而投喂劣质饲料等原因有关。另外，由于苗种生长期水温较低，匙吻鲟较易得小瓜虫病，有些单位和个人有时还违法使用孔雀石绿、硝酸亚汞等禁药。

4. 消费市场与加工

匙吻鲟作为一个新的养殖和消费品种，其销售市场还不够广阔，在品牌创立、质量安全控制、产品加工及包装设计等工作上进展缓慢，迄今还没有一个在消费品领域具有国际国内影响的匙吻鲟产品品牌。在消费方式上，与西方不同，中国的匙吻鲟养殖价值主要在其肉而不是其卵，国内市场主要以匙吻鲟的鱼肉为需求对象，通常市场销售活鱼，是因为加工业尚未开发。而且市场规格一般只有 0.6~0.75 千克/尾，对于匙吻鲟来说，这种规格仍属于鱼种阶段，其生长潜能未能得到充分发挥。另外，匙吻鲟产品的国际市场也有待开拓。

二、对策与建议

1. 抓好源头，优化亲鱼资源，推动人工繁育技术标准化

亲本质量影响苗种质量，亲本的更新、引进工作非常重要，要避免近亲繁殖。建议加强匙吻鲟亲鱼的档案管理制度、促进良种企业间的亲鱼交换、有计划地引进原产地亲鱼等，重新选留亲鱼群体，使群体基因基础得以互补，提高经济性状的遗传力。繁殖场可对现有亲鱼进行提纯复壮，选择抗病力强、生长快的亲鱼继续培育，淘汰品质差的亲鱼，防止种质退化。要抓好亲鱼培育基地建设，加强育苗基地建设，巩固和完善现有育苗设施，改进人工繁殖技术，总结繁育历年经验，形成标准化规程。

2. 积极开发匙吻鲟专用人工配合饲料

有关匙吻鲟的研究主要集中在其生物学特性及生长规律、养殖及繁殖技术、消化率及消化酶的研究、肌肉品质改善等方面，对匙吻鲟专用饲料的研究鲜有报道。而匙吻鲟不同阶段专用人工配合饲料的研发，是提高养殖效益、促进养殖业发展的重要一环。积极研究匙吻鲟的营养需求，确定饲料适宜蛋白、脂肪水平，开发匙吻鲟饲料加工工艺，以挖掘生产中匙吻鲟的生长潜力，降低饲料成本，减少环境负担应为目前研究工作的重要课题。已有研究表明，饲料中添加微生态制剂有益于匙吻鲟的生长和消化，类似饲料添加剂的研发工作也应深入进行。

3. 加强大水体增养殖及池塘健康养殖技术体系的研发推广工作

建议总结各地高产养殖模式、高效益养殖经验及养殖成功案例，结合当地水域特点，试点、研发符合环境保护政策的技术，将包括大水体放养、池

塘精养技术的健康生态养殖模式加以推广。在病害防控方面，坚持“以防为主、防治结合”的原则。遇到病情要对症下药，坚决禁止使用法定渔业禁药。

4. 加强产品深加工，促进全产业链发展

匙吻鲟产业链的下游环节亟待开拓，应开发匙吻鲟的深加工产品，如肉制品（半成品、成品、熏制品）、鱼子酱、药品和保健品、化妆品、工业用骨胶、鱼体各部分分割制品、制革用鱼皮等，使其资源得到充分、合理利用；增加产品的科技含量，提升产品档次和附加值，创造更大的经济效益和社会效益，也可丰富水产品市场的内涵；实现产品多样化，增加市场需求量，并以此为突破口，着力开拓国际市场。

匙吻鲟适温范围广，生长迅速，幼鱼阶段因其有长吻，摄食漂浮性饲料时，动作独特，逗人喜爱，可作为一种高档观赏鱼；成鱼肉中无刺，味道鲜美，且鱼骨软脆，可直接食用，肉中必需氨基酸、不饱和脂肪酸丰富，骨中还含有硫酸软骨素，具有较高的营养价值；同时，作为滤食性鱼类的匙吻鲟可通过摄取水中的浮游生物和有机碎屑净化水体，是池塘养殖或大水体放养的优良品种，是一条很有前景的生态鱼，适合在我国推广养殖，具有非常广阔的开发前景。

第二章
匙吻鲟的生物学特性

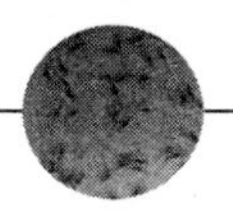

匙吻鲟（见彩图1），又名美国匙吻鲟，俗称“鸭嘴鲟”，是匙吻鲟科仅有的两个物种之一（另一个是中国白鲟），主要分布在美国中部和北部的大型河流及相关湖泊、水库中。匙吻鲟的得名是由于它的吻部独特，扁平，像一支船桨，或者汤匙的把子，特别长，约占全长的1/3（见彩图2）。匙吻鲟这个船桨一样的吻上有大量的感受器，用于定位、导航，并捕获浮游动物。匙吻鲟适应性强，生长迅速，性情温顺，食物链短，是鲟科鱼类中唯一以浮游动物为食的品种，饵料来源广泛，易养易捕。

第一节　形态与生活习性

一、形态特征

匙吻鲟骨骼多数为软骨，躯干呈流线型，尾部侧扁；鳞片退化，体表裸露光滑。眼很小，视觉比较差。口在吻下，较大，不能伸缩；上颌背面具有糟糙的颗粒感觉器。鳃耙密而细，排列紧密，用于滤食食物，这个特点类似我国的花白鲢。鳃盖膜长达胸鳍至腹鳍的1/2处，鳃盖布满梅花状的花纹。匙吻鲟的吻特别长，但是刚孵化出的仔鱼无吻，1~2个星期后吻才开始发育，1个月左右发育完全。吻上有大量的感受器，用于定位并捕获浮游动物。匙吻鲟头部有一个喷水孔和喷水腔。胸鳍较小，腹鳍腹位，背鳍起点在腹鳍之后，尾部侧扁，尾鳍叉形，不对称，上叶尖长，下叶宽短。背部为灰褐色，常有一些斑点点缀其中，腹部灰白色。

匙吻鲟生长迅速，属大型经济鱼类。自然水域中个体全长可达180厘米，体重可达90千克以上。

二、生活习性和生活环境

匙吻鲟是一种敞水性鱼类，在自然界生活在北美洲的一些大型流速较慢的河流中，如密西西比河及干支流的密苏里河、阿肯色河、伊利诺伊河和俄亥俄河流域，很少出现在小型支流中。春天涨水季节，匙吻鲟从深水区游到饵料生物丰富的缓流区和支流汇入干流交界处，常集群于沙洲下面的水潭、岸边的凸凹处、坝下或桥墩下等流速较慢的地方。在晚秋和初冬，匙吻鲟回到深水中越冬。

匙吻鲟是一种适应性很强的广温性鱼类，在0~37℃水体中均能生存，即使冬季水面结冰，只要冰下水深足够，也可正常越冬。对水体溶解氧要求在5毫克/升以上，实际需氧量受水温、个体大小、水质条件和运动情况等多种因素的影响，例如水温越高，需氧量越大；个体越大，对低溶氧的耐受能力越差。pH值适宜范围为6.5~8.0，要求水中含有丰富的溶解钙，并对水体中的重金属敏感。匙吻鲟一般生活在水的中层，性情温和，不善跳跃，易捕捞。

第二节　匙吻鲟的食性

匙吻鲟以浮游动物为主要食物。仔鱼开口饵料主要为小型枝角类。匙吻鲟仔鱼大约在 7 日龄开口，这时候口还不能自由张合，只有通过不停地游动以获得氧气和饵料。刚开口的仔鱼口径为 0.5 毫米、口宽为 0.7 毫米，其口径及口宽随着鱼体的发育而逐渐增大。孵化 30 日时，仔鱼口宽达 8.0 毫米。饵料的大小应与其口裂相适应，如轮虫。只能被动摄食，对生物饵料的要求顺序为：轮虫→小型枝角类→大型枝角类与桡足类。幼鱼只有吻长出后才有主动摄食能力，摄食方式为吞食，开口饵料以直径 0.3 毫米左右的枝角类为主，远大于尼罗罗非鱼、鳙、鲢等滤食性鱼类开口时的适口饵料粒径。当饵料不足时，鲟幼鱼互相咬伤现象严重，主要是“咬尾”，须及时加大饵料投喂量和降低鱼苗养殖密度。全长达到 65～138 毫米时，鳃耙开始发生，但较短且过滤面积较小，虽然具有一定的过滤功能，但仍要进行捕食或吞食饵料。鲟鱼苗体长超过 120 毫米后，摄食器官发育完善，转营滤食方式。全长 268 毫米后，鳃耙过滤面积增大，此时滤食成为外界营养来源的主要摄入方式。人工饲养时，经过驯食后可摄食配合饲料，由于匙吻鲟吻比较长，口在下面，所以投喂浮性膨化配合饲料较好，它可采取翻身的方式摄食，姿态有趣，具有观赏价值。

匙吻鲟喜欢生活在靠近水体底部沉积物的地方，那里浮游动物丰富，但水体较浑浊，透明度低。由于这个原因，在长期的进化过程中，匙吻鲟的视力退化，便在头和嘴的前部形成了长而扁平的吻。浮游动物，例如枝角类，在游动或摄食时的肌肉运动向周围水体散发出微弱的电信号，这些电信号被匙吻鲟吻上的电信号受体捕获，并通过行为性随机共振将这些电信号放大，使匙吻鲟能精确地对食物进行探测和定位，最终进行有效的捕食。

匙吻鲟食性在特定条件下具有一定的稳固性，但环境发生改变时，又有一定的可塑性，以适应生态环境的变化。匙吻鲟的鳃耙密而细，具有滤食功能，对浮游生物进行无选择的摄食，主要食物是甲壳纲的浮游动物，如蚤状溞、哲水蚤、剑水蚤等，偶尔出现水生昆虫和异脚目，也有浮游植物。尽管匙吻鲟以浮游动物为主要食物，但其消化道结构具有肉食性鱼类的特征，还可捕食或吞食虾和小鱼等其他小型水生动物。

第三节　匙吻鲟的生长与繁殖

一、生长

匙吻鲟生长快，池塘养殖10厘米以上的鱼种当年可达0.5~0.75千克/尾，2龄鱼可达1.5千克/尾以上；大水面养殖当年可达0.75千克/尾以上，第二年可达2千克/尾以上。匙吻鲟寿命较长，在天然水域，一般均在20龄以上，有的高达30余龄。个体重量可达90千克以上，体长可超过180厘米。但由于捕捞过度，种群寿命在缩短。

匙吻鲟生长速度第1年最快，孵化后0~210日龄的幼鱼生长速度可见表2.1和图2.1，描述了生长过程中体重与全长的关系。一般来说，匙吻鲟鱼苗生长100天，全长平均可达40厘米，第1年体重可达到600克，食物充足时，幼鱼第1年全长就可达60厘米以上，从第2年起，全长生长速度明显降低，2~10龄，平均年增长约6.6厘米，到第13龄时，年平均增长下降为2.6厘米。全长增长减慢时，体重则增长加快，6~10龄，其体重增长常为前5年的2~3倍。在水库中生活的匙吻鲟较在河流中生活的生长快。在北京丰台区对匙吻鲟进行养殖的观察，当年苗种到年底匙吻鲟全长可达50~60厘米，体重0.7~1千克。2008年7月6日至2009年7月4日在安康瀛湖库区进行网箱不投饵养殖匙吻鲟试验，结果如图2.2。

表 2.1　0~210 日龄体重与全长变化情况

日龄	全长（厘米）	体重（克）
0	0.89	0.01
10	1.75	0.03
20	3.93	0.40
30	6.43	1.92
40	11.74	6.15
50	15.74	13.65
70	25.52	47.79
75	25.83	48.20
95	33.25	106.71
210	43.25	152.10

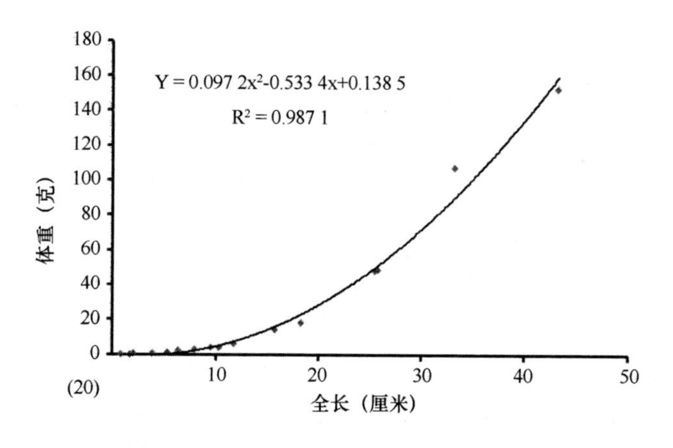

图 2.1　0~210 日龄体重与全长对应关系

放养匙吻鲟初始规格为体重 79.3 克，体长 25.6 厘米，全长 29.3 厘米，经一年的养殖，达到体重 1 093 克，增长了 13 倍，体长 58.4 厘米，全长 66.6 厘米，肥满度则由开始时的 0.47 达到最后的 0.54。具体生长可分为三个阶段：快速增长阶段；越冬生长停止阶段；快速回升阶段。可见匙吻鲟鱼苗当

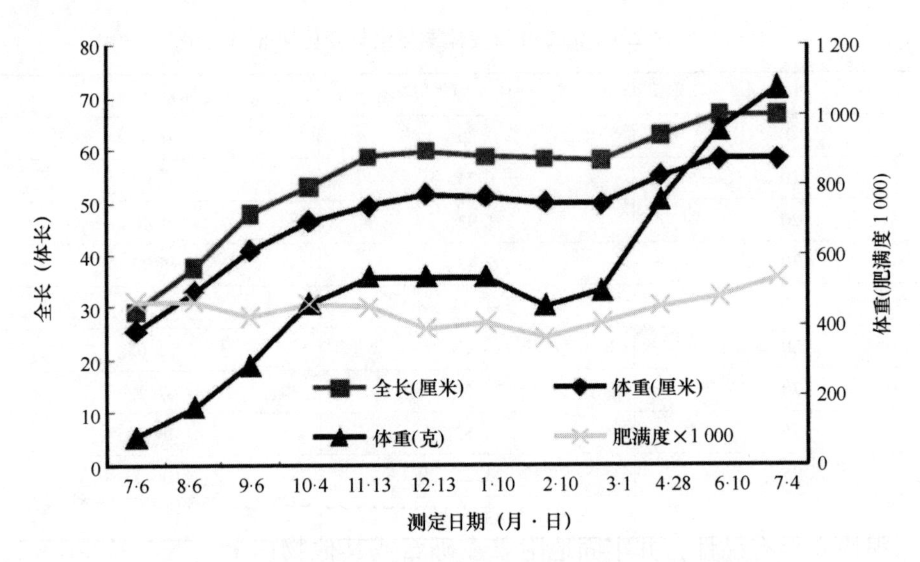

图 2.2　安康瀛湖库区进行网箱不投饵养殖匙吻鲟生长情况

年可长至 0.5 千克，一周年可长至 1 千克。

二、繁殖

匙吻鲟的繁殖季节为每年 3 月底至 6 月初，当水温接近 16℃时，便可产卵和排精，受精卵黏附在石砾或其他物体上孵化，经 7 天左右孵出鱼苗。匙吻鲟的性成熟较晚。一般雄性个体多在 7～9 年性成熟，而雌性个体多在 8～10 年性成熟，性成熟个体重量在 8 千克以上。性成熟时间在我国南北方有差异。有报道指出，采取前期生态保育、后期强化培育的方法，湖北地区的匙吻鲟相对于美国同纬度地区，成熟时间会提前 2～3 年。匙吻鲟适宜的繁殖水温为 18～22℃。匙吻鲟为间歇性产卵型，成熟后每隔 1～2 年产卵一次，现培育技术已比较成熟，可以每年进行人工催产繁殖。

匙吻鲟亲鱼没有明显的副性征。一般来讲，雌鱼个体大，腹部膨胀，泄殖孔附近肿胀、充血、稍松弛，用小指头容易插入泄殖孔；雄鱼个体较小、头部有较多的突起。更可靠的方法是用肉眼观察性腺。成熟的卵巢可占体重的15%~25%，且怀卵量很大，例如生活在密西西比河的匙吻鲟，体重14~24千克的个体，怀卵量为148 000~507 000粒，平均每千克体重为3 500粒。成熟的卵子呈灰黑色，直径2.0~2.5毫米。产卵季节除与本身的性腺发育程度有关外，还与产卵的主要外界条件，例如适宜的水温、涨水和砾石基质等密切相关。产卵期间，匙吻鲟对水位的变化非常敏感。水位上升则上溯，水位下降则下淌。水温对产卵具有决定性作用，当水温达到10℃左右时，匙吻鲟就开始上溯，水温上升，溯河的速度加快；水温达到15.6℃左右时，若涨水底质能满足要求便会产卵。水流是匙吻鲟产卵的刺激因素，其产卵所适宜的流量在奥塞奇河为344立方米/秒，密西西比河为680立方米/秒。卵子受精后，很快变得有黏性，并牢固地附着在砾石或其他物体上。当水温为15.6℃左右时，仔鱼出膜时间大约为7天。

美国匙吻鲟的人工繁殖于20世纪60年代获得成功，我国从1988年开始首次引进匙吻鲟，并于2001年在湖北省人工繁殖取得成功。人工繁殖的时间，我国南方一般在每年2月，甚至通过采取强化培育措施，在1月也可催产。而北方地区一半在4月中下旬以后，高寒地区会推迟至6月上旬。目前，人工繁殖催产激素效果比较好的是冷冻匙吻鲟脑垂体和促黄体释放激素类似物（LHRH-A_2），匙吻鲟脑垂体使用比较普遍。一般使用剂量雌鱼2个脑垂体/尾，雄鱼1个脑垂体/尾。脑垂体解冻后加入1.5毫升去离子水，碾磨后进行腹腔注射，采用一针注射法，成功率65%。用LHRH-A_2催产也有较好的效果，剂量一般每千克体重4微克，多采用二次注射法，性腺发育较好的亲鱼，基本上能产空。促使亲鱼发情后，进行采卵、授精、脱粘、孵化，从而获得鱼苗。需要注意的是，24℃为鱼苗孵化的亚致死温度，28℃为致死温度，而水温低于11℃也将降低其成活率，抑制其生长。最适水温范围为18~22℃。另外，仔鱼暂养宜在室内进行，可避免因水温变化温差过大引起死亡。

第三章
匙吻鲟苗种繁育

第一节 人工繁殖

一、亲鱼的选择与培育

选择发育较好的9~10龄成鱼作为后备亲鱼，亲鱼规格在10千克以上为好。一般前期放养于水库培育，繁殖前进行池塘强化培育1年，雌雄比例1∶2。如果没有水库培养条件，也可在池塘进行培育。

1. 池塘强化培育

亲鱼池塘强化培育：次年催产用亲鱼的强化培育在池塘进行，池塘面积10亩左右为宜，水深2~3米，放养密度100千克/亩，勤加水，改善水质，使用微生态制剂调节水质，促进水体中有益微生物生长繁殖。

水体的溶解氧保持在6毫克/升以上，不得低于3毫克/升；凌晨5:30开增氧机，开机2小时左右，晴天下午14:30开增氧机，开机2小时左右，防止上下水层温度不均，引发气泡病。

匙吻鲟亲鱼以摄食天然饵料为主，在保证水质的前提下尽量增加水体浮游动物的产量，以满足亲鱼摄食的需要。当水蚤大量繁殖时对肥料的需求量很大，要根据透明度和水中浮游植物的数量及时追肥，追肥的种类有生物肥等。追肥时要视水体肥度适量施肥，以“少量多次”为原则。追施生物肥时要均匀泼洒，3 天一次，一次 20 千克/亩，看水色适当调整。

春季培育：每年的 2—3 月间，开始施肥，肥水培育浮游生物，美国有使用米糠肥水的方式。在池水调节上，加大交换量，每次排水深约 20 厘米。采取勤排灌、白天排傍晚灌等方式进行。同时注意适时开启增氧机，确保溶氧在 6 毫克/升以上。在这一阶段，要尽量避免人为干扰，保持安静环境。

夏、秋季培育：这个阶段的特点是气温高、水温高。重点加强池塘水质的管理。以“肥、活、嫩、爽”为标准。夏季一般不施有机肥或少施无机肥，秋季则可根据水质和天气情况追施一定的无机肥，采用少量多次，先磷后氮的原则，每 20 天左右使用一次。在投饲上，夏季以浮性颗粒饲料为主，秋季则适当增加生物活饵。坚持“四定”原则投喂。这一阶段池水要逐渐加深，直至最高水位。同时根据水质或施肥情况适当进行换水。这一阶段还应做好增氧与降温度夏工作。

冬季培育：由于冬季气温低，这个阶段主要是保持适当的水温。采取加深池水的办法，注意保持水体有一定量的浮游生物和充足的溶氧。

匙吻鲟亲鱼培育的管理由专人负责，并做好以下工作：坚持早、中、晚巡塘，注意观察池鱼活动与摄食情况，特别要防止浮头、泛塘等事故的发生；坚持进行水温、pH 值和溶氧指标的测定（一日 3 次）。并根据测定情况，及时调整饲养管理工作，做好养殖日记，积累相关技术数据。

2. 池塘套养培育

吃食性鱼类池塘套养匙吻鲟亲本培育可以节约设施，以投喂吃食性鱼类饲料间接性肥水培育浮游生物，一般池塘养殖吃食性鱼类不超过 400 千克/

亩，放养匙吻鲟亲本不超过 30 千克/亩，不套养鳙，套养少量鲢或者不套养鲢。除正常的养殖管理外，要加大增氧机的使用频率，保证溶氧充足，加大换水频率，保持水质清新。

3. 饲料投喂

在自然状态下，匙吻鲟主要以浮游生物为食。在进行培育时首先应该考虑通过培肥池水，增加池塘浮游生物量来满足匙吻鲟的基本需要。注意协调好水质溶氧充足与育肥塘水的关系。

如果匙吻鲟亲本是经过驯化，具有摄食配合饲料的能力，投喂营养全面的配合饲料将起到事半功倍的效果，这对性腺的发育十分有利，不仅可以提供充足的养分，还可提供性腺发育所必需的各种营养物质。

二、人工催产

1. 亲鱼选择

当水温上升并持续一周左右，稳定在 16～18℃时，可进行人工繁殖。清晨拉网，选择性腺发育较好的亲鱼用于催产。催产前采用 B 超和挖卵器检查判定雌鱼的性腺成熟程度，成熟的匙吻鲟卵外观呈圆形，部分为椭圆形，具有黏性，卵黄丰富，呈灰黑色，不透明。通过泄殖孔插入导管轻捏泄殖孔得到精液判定雄鱼的性腺成熟度，确定当年繁殖用亲鱼。

选好的亲鱼雌雄分开暂养在 10～20 平方米水泥池中，每个池子放 4～5 尾，冲水 2~3 天后进行繁殖。选鱼标准：雌鱼体型较大，鱼体肥壮，腹部膨大，柔软、有弹性，泄殖孔发红、突出、无病无伤。如果腹部过于柔软、无弹性，则有过熟的可能。雄鱼鱼体肥壮，体表光泽好，上颌前端、鳃盖及两侧有明显追星，用手抚摸背部有粗糙感。发育好的雄鱼，轻压其腹部或生殖孔周边，有少量精液流出，遇水即散。

2. 工作准备

毛巾（干毛巾）、塑料盆、精液盒（带盖子塑料饭盒）、注射器、大盆（脱粘）、羽毛、滑石粉、催产剂（LHRH-A_2）等（图 3.1）。

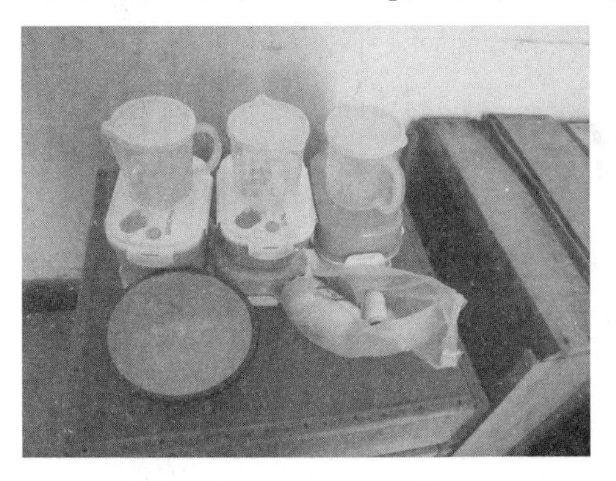

图 3.1　亲鱼催产所需用品

催产最好在室内进行，如果在室外，应在该区域搭建遮阳网，以免阳光直射，影响催产效果。

3. 人工催产

根据取卵检查亲鱼成熟状况确定用催产药物剂量。常用 LHRH-A_2 3~6 微克/千克，雌雄同量，雌鱼分 2 次注射，第一次注射总量的 1/3。第二次注射余量，两次间隔时间 10~17 小时。雄鱼采用 1 次注射，与雌鱼第一次注射同步或提前。采用胸鳍基部注射的方法（见彩图 3）。效应时间为 12~16 小时。注射前要提前称量亲鱼重量，因鱼较大，可采取由人抱着亲鱼在秤上整体称量，再减去人的体重的方式。同时，应对鱼进行标记，以便采取针对性的措施。可以在鱼体植入芯片，也可以在鱼背部皮肤上划上数字，还可在鳍条上拴上布条等。

三、人工授精与孵化

1. 人工授精

第二针注射完后，要安排专人值班，接近效应时间时，要密切观察亲鱼情况，每隔半小时左右检查暂养池底部是否有卵粒出现，如果发现，就要马上采取人工授精措施。

采取在水里或离水的方式采集精液和卵子。离水时要准备产床，产床一般用较厚的海绵制成，用的时候铺在平坦的地方，如水泥池边，一般 3~4 人操作。取精液时，用干净毛巾将鱼体快速擦干，以防沾水激活精子，轻轻挤压雄鱼腹部，将精液挤入带盖的容器内，迅速盖上盖子，避免阳光直射破坏精子。将采好的精液放入 4℃ 的冰箱或保温箱中保存备用，要做好标记，一条鱼的精液用一个容器装。用时镜检，选用成熟好、活力强的精液用于人工授精，使用时间最好在 4~6 小时以内。

将雌鱼托出水面的时候要用毛巾堵住雌鱼生殖孔，以免挣扎时排卵。随后用干净毛巾将鱼体擦干后，从前往后，轻轻推挤雌鱼腹部，将卵挤入带刻度的量杯里。雌鱼分批排卵，刚开始如挤卵不流畅或未产卵，千万不可强行挤卵，一般根据情况间隔 40~60 分钟采卵 1 次，可连续采 8~10 次。一般每毫升卵在 80~100 粒左右。

由于雌鱼怀卵量大，又不能一次产出，也可采取手术取卵的方法，在生殖孔上方 5~10 厘米处切开 6~7 厘米孔洞，将血水等杂质处理干净，将体内的卵挤出。

采用体外干法授精。将采得的精液与卵子按 1∶100 混合于 1 升的塑料杯内，混合均匀后加水用羽毛搅拌 20~30 秒，卵受精后，卵膜吸水膨胀。受精卵入水后动物极保持垂直向上，随后动物极与卵黄膜之间出现比较明显的裂隙，并不断增大形成卵周隙。卵的动物极变得扁平，极性斑消失并出现了暗色圈，暗色圈周围有一明亮带。该阶段的卵径为 3. 82~4. 11 毫米。

将受精卵迅速转入滑石粉溶液（滑石粉浓度为 20%）中脱粘 45~60 分钟，中间换水一次。期间要用羽毛或小盆不断搅拌，因工作量较大，也可采用机器搅卵。当全部卵粒分散开，呈颗粒状，不再结块，则脱粘成功，将受精卵漂洗干净，移入孵化器孵化。放卵时要注意，尽可能将受精卵按鱼分开孵化，以便计算每条鱼的产卵、受精和孵化情况。

人工授精完毕后，给亲鱼注射一定量的抗菌素，体表进行消毒处理，然后放回暂养池暂养，恢复后放回池塘，进入下一阶段的培育。

2. 孵化

孵化用水，要保证水源充足，清洁无污染，溶氧充足，控制水温在 18~20℃。一般分为两种情况：一是水库坝下水和池塘水混合使用；二是机井水曝气增氧后和池塘水混合使用。也有单独使用井水的情况。彩图 4 为井水曝气装置。

鱼苗孵化设施有两种，常用的为沉性卵专用孵化器（见彩图 5），白铁皮构造，孵化时放入 40~60 目孵化筛（50 厘米×50 厘米），孵化筛放卵密度以 20 粒/厘米^2 左右为最佳，上方淋水，下方排水，并不断自动搅动鱼卵，搅水时间一般为 40~69 秒一次；另一种是圆柱形孵化器，每个直径 15 厘米，高 50 厘米的圆柱形孵化瓶可盛放受精卵 5 万~10 万粒，控制水流量使全部鱼卵都能在孵化器中缓缓悬浮、翻腾，初期控制在 8 升/分钟左右。

孵化水环境控制。匙吻鲟耐低氧能力较差，要特别注意供氧充足。控制孵化水体 DO≥5. 0 毫克/升，亚硝酸盐、氨氮、pH 值等指标应符合 GB 11607-89。每天早晨和下午记录一次水温。流水充氧孵化，孵化第二天或第三天开始及时剔除死卵及霉卵，勤刷过滤网纱，防止真菌、霉菌感染。水温控制在 18~20℃范围内，积温达到 126~140℃时即破膜出苗，一般为 7~8 天。整个繁殖期间应保证水温的稳定，如果北方地区夜间降温过大，可在蓄水池中安置加热棒。

孵化期间要严防水霉病的发生，尤其是孵化的第二天和第三天是水霉病爆发的关键时期，可采用在孵化用水的水池中浸泡中草药的方法进行防治。

孵化出的水花要经过吸收卵黄囊阶段后才开口摄食，这一阶段在 7 天左右，全长为 1.5 厘米。在开口前，可将匙吻鲟水花集中暂养，适宜水温为 13~23℃，最适温度 18~20℃。温度过低会影响生长和成活率，温度过高则仔鱼畸形率高。根据温度和开口时间，暂养工作一般持续 7~10 天。

第二节　苗种车间培育

一、设施条件

1. 饵料培养池

选择长方形土底池塘，面积 2~3 亩、深 2~2.5 米为宜，池塘保水性好，进排水方便，进水口用筛绢网进行滤水，防止野鱼及大型虫害进入培养池，塘埂有上下台阶，便于饵料的清洗和收集。一般培养每万尾仔鱼需配套饵料池 70~200 平方米。

2. 苗种培育池

水花阶段，水泥培育池一般选择长方形，长 5~6 米、宽 1.5~1.8 米、高 1~1.2 米（水深开始可保持 40~50 厘米，以便鱼苗摄取天然饵料；后期在 80 厘米左右），随着苗种的生长，培育池的规格可适当变大（方形或者近方形），大小可视场所分布灵活设置，池壁光滑、池底铺设白色瓷砖、略有倾斜，池间紧密排列；池两侧铺设钻孔水管，形成流动水，并通过阀门控制水流大小；末端用滤水网框拦鱼排水和高低水管控制水位，使整个池子的水处于微流动状态。可在池底铺设微孔增氧管，以保证溶氧供应。培育池使用前，用高锰酸钾进行浸泡消毒处理（图 3. 2）。

图 3. 2　苗种车间培育池

3. 水源

由于苗种车间培育必须采取流水培育方式，一般池水交换量为每小时 200 升以上，所以水源必须充足，且清洁无污染，溶氧充足，控制水温在 18~20℃，尤其是在匙吻鲟鱼苗开口前水温必须控制在 20℃ 以下。水温较低时通过池塘晒水，提高温度；水温升高后，通过深井水、水库水降温。入池前用密眼筛绢布过滤水。

二、饵料培育

当前，匙吻鲟苗种培育前期主要靠天然饵料。刚开口的匙吻鲟鱼苗，主要摄食小型浮游动物，鱼苗开口第一天要吃到饵料（以轮虫和小型枝角类为主），否则会影响鱼苗的成活率。因此，在鱼苗没开口前，必须准备充足的适口天然饵料。一般在开口 3 天前开始捕捞饵料生物。生产中饵料生物的来源包括自己培育、在野外水体如河道、池塘捞取以及在市场购买等，规模化苗种培育一般要求自己培育。

1. 清塘

春季3月下旬，气温回升至15℃以上时，应着手准备匙吻鲟饵料培养池，首先对培养池进行干塘，清理杂物，消除病害；在去淤清整后，使用药物杀灭池塘中各种凶猛小野杂鱼、有害水生生物（包括寄生虫卵、致病菌等）。常见的药物清塘方法如下：

（1）生石灰清塘

进行排水清塘（即将池水排至5~10厘米深积水后再进行清塘）时，每亩池塘用生石灰60~70千克；不排水清塘时，每亩池塘每米水体用125~150千克（200毫克/升）。使用生石灰进行清塘时，均需先将生石灰加水溶化，然后立即向池中均匀泼洒。

（2）漂白粉清塘

排水清塘时，每亩用4~5千克；不排水清塘时，每亩池塘每米水体用12~15千克（25毫克/升）。使用时，均需加水溶解后进行全池泼洒。

在上述各种药物中，以生石灰清塘效果最佳，既能除害灭菌，又可疏松底土，改善土层通气条件，使池水变肥。漂白粉不稳定，效果决定于有效氯含量。

在使用以上药剂清塘时，须注意以下事项：①使用前，要检验药物是否有效。②要求在鱼种放养前半个月左右进行。③上述各种药物的失效时间为5~10天（其中漂白粉约5天）。为了安全起见，对已经用药物清塘的饵料培育池塘，可在放养前试养几条鱼（俗称试水鱼），证明毒性消失（图3.3）。

2. 池塘高密度培育生物饵料

数天后，当水温稳定在15℃以上，鱼苗开口摄食15天前，可以开始培育

图 3.3　清塘后以鱼试水

生物饵料。主要方法是向饵料培养池投入生物渔肥、菌肥等，每亩 500 千克，沿池撒开，2 天后开始注水，4 天内水位加至 1.5 米；天气晴好情况下，8~10 天可达到饵料高峰期，高峰期维持 3 天后饵料量迅速降到最低，此时需及时追加肥料或豆浆，肥料每亩 30~50 千克/天，2~3 天后达高产期，如此反复，保持养殖池持续高产；晴天中午坚持多开增氧机，不断搅水，改善水质；三个周期后，每天观察水质变化，若出现混黑、透明度低则需换水，可边排边进，直至水质改善。池塘配套微孔增氧设施，利用微生态制剂调控技术保证饵料池充足的溶解氧和较好的水质条件。

3. 饵料收集方法

（1）饵料拖网收集

饵料采收有专用漂浮拖网（图 3.4），由椭圆铁箍、斗状网兜、浮球和拉绳构成，铁箍长轴 1.5 米，短轴 0.8 米，网兜斗状，高 1.5 米，前端套于铁箍，末端开口直径为 20 厘米；铁箍张开网兜形成收集网口；绳子于网口前 1.2 米处结节，分 5 支系于铁箍上；网口一侧绑上浮球，使其漂于水上层，收集时拉动绳子即可将轮虫、枝角类浮游动物收于网内，打开网兜末端冲洗收获饵料。

图 3.4　专用漂浮拖网收集饵料

（2）水车式增氧机收集

在饵料培育池一侧安置水车式增氧机，在水车式增氧机的下游方向，放置饵料收集网，增氧机开动时带动池塘水在池塘边流动，通过饵料网收集过滤大量池塘水收集饵料生物，可以节省人工和时间。

（3）灯下水泵抽水收集

在饵料培育池四角可装上节能灯，夜晚开启，在灯下放置水泵，将水抽到饵料网中过滤，减少人工，增加饵料收集效率（见彩图 6 和彩图 7）。

三、放养密度

根据鱼苗规格确定放养密度。刚孵化出的水花可以较大密度集中暂养，开口前再稀分，一般暂养密度以每立方米 8 000~10 000 尾为宜，如果计划直接开口，可按每立方米 3 000 尾以下进行暂养。其他阶段密度则可参考下表进行（表 3.1）。

表 3.1　不同规格鱼苗放养密度

全长规格（厘米/尾）	放养密度（尾/米^3）	饵料	饵料密度（只/升）
≤4.0	500~600	小型、大型轮虫	400
4.0~6.0	300~400	轮虫、枝角类	300
6.0~8.0	200~300	混合	200
8.0~10.0	100~200	混合	100
10.0~15.0	100（暂养）	混合	100

备注：部分数据参考北京地方标准《匙吻鲟人工孵化育苗技术操作规范》。

随着鱼苗的增重增长，鱼苗的空间和饵料竞争迅速增大，若不及时进行分池稀疏，鱼苗就会互相咬斗，造成死亡，尤其在鱼苗全长 5 厘米左右时，要特别注意。分池按放养密度表进行，大小分开培育。

匙吻鲟鱼苗车间培育池培育期间（图 3.5 和 3.6），一般 5 天分池一次，一是分稀分疏匙吻鲟苗种；二是彻底清洗培育池，改善培育环境；三是进行匙吻鲟鱼苗的统计和测量，将大、小规格不等的鱼分养；四是通过分析比较，总结前期工作，为后期工作打下基础。

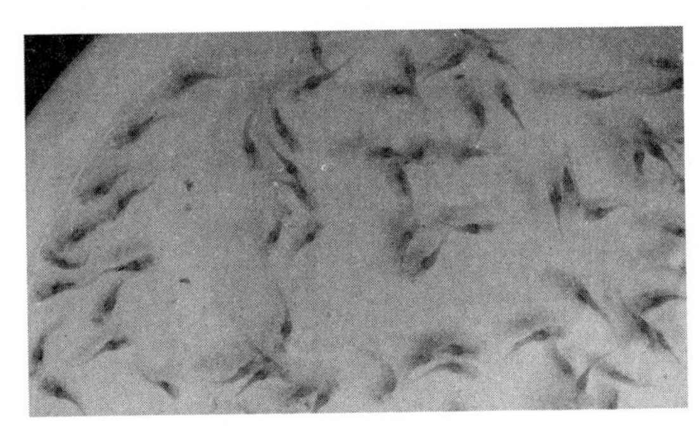

图 3.5　匙吻鲟鱼苗

图 3.6　匙吻鲟培育车间

四、饵料投喂

刚孵化出的匙吻鲟鱼苗只有 0.8 厘米左右，不能平衡游动，不摄食，靠自身卵黄囊的营养供应生长，3~4 天后，匙吻鲟开始平衡游动，摄食器官也逐渐发育，7~8 天后匙吻鲟开口摄食饵料生物，此时必须有充足的饵料生物供应，否则匙吻鲟苗种成活率将受到很大影响。

1. 生物饵料

匙吻鲟摄食活跃，生长快速，充足的饵料供应是培育技术的关键之一（见彩图 8）。匙吻鲟水花开口之前，培育池水中就应预先放入饵料生物，以便鱼苗刚开口就能吃到饵料。枝角类等饵料生物存活时间短，不可收藏，根据池塘培育饵料的多少，少量多餐，一般 1~2 小时投喂一次，夜间也要安排专人值班操作。开口 3 天前用 80 目筛网捞取饵料，以 40 目筛过滤轮虫及小水蚤进行投喂；开口 3 天后以 60 目筛网捞取饵料，以 20 目筛过滤水蚤进行投喂；开口 7 天后以 40 目筛网捞取饵料，除杂后直接投喂即可。

研究表明（图 3.7），匙吻鲟属于晨昏摄食型，有两个摄食高峰，分别是每日 5:00 和 17:00，表明其喜欢早晨和傍晚吃食，因此，在摄食高峰期可以增加投喂量，特别是傍晚时加大投喂量，保证第二天早上有充足的食物，白天尽量时刻保证培育池饵料的密度，满足饵料需求。要时刻观察，要求每升水 100 个以上饵料生物为宜，如果培育池中能看到大团的饵料生物，则说明饵料基本充足。

如果短期饵料不足时，也可用市售的水蚯蚓等剁碎后投喂应急。

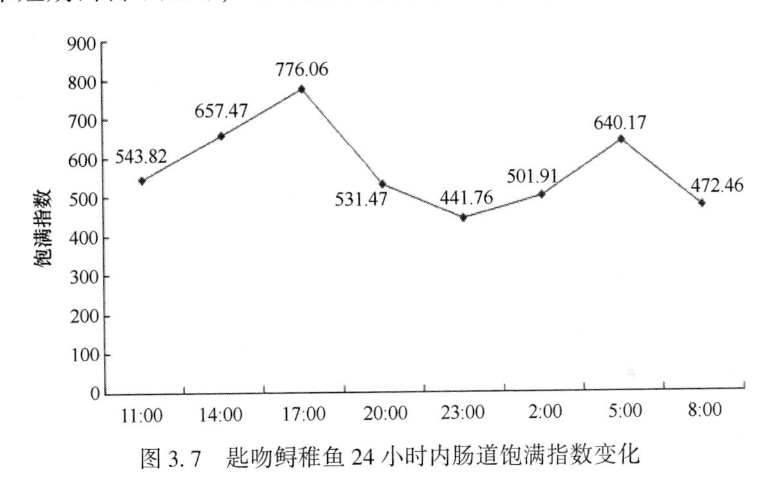

图 3.7　匙吻鲟稚鱼 24 小时内肠道饱满指数变化

2. 食性驯化

匙吻鲟全长达 4 厘米时，可进行人工饲料的驯化（见彩图 9），目前国内匙吻鲟专用商品饲料生产刚刚起步，也可采用生鱼料、蛙料等特种鱼类膨化颗粒料进行驯化。颗粒大小随鱼苗规格变化，见表 3.2；投喂次数、时间和用量见表 3.3。投喂时沿池一圈，充分撒开。为了增强诱食效果，驯化初期可将水蚯蚓剁碎与饲料搅拌进行投喂。如果观察到鱼苗翻身，则表明开始摄食人工饲料。

驯化一段时间后，如果发现始终不摄食的瘦弱苗种，可捞出来单独饲养。

表 3.2　不同规格鱼苗驯化饲料选择

规格（厘米/尾）	饲料粒径（毫米）	饲料粗蛋白含量（%）
4.0~6.0	1	45
6.0~8.0	1	45
8.0~10.0	1 和 2 参半	45/42
10.0~15.0	2	42

表 3.3　鱼苗饲料驯化量时表

规格（厘米/尾）	8:00—20:00	21:00—7:00	颗粒量（与鱼数比）
4.0~6.0	每隔 2 小时一次	每隔 1 小时一次	1∶3
6.0~8.0	每隔 2 小时一次	每隔 1 小时一次	1∶2
8.0~10.0	每隔 4 小时一次	每隔 2 小时一次	1∶1
10.0~15.0	每隔 4 小时一次	每隔 2 小时一次	2∶1

五、日常管理

1. 水质检测

每天进行水温、pH 值和溶氧指标的测定（一日 3 次）。每 3 天全面测一次水质，包括氨氮、亚硝酸盐等。匙吻鲟苗种培育水温在 20~23℃ 为宜，且白天和晚上的水温的温差不要超过 2℃。溶氧方面要特别注意是否由于饵料生物过多造成缺氧。

2. 吸污

每天早晚两次，清除水池底部沉积的残饵、粪便等污物，保持良好的水质。一般采取虹吸法，并在虹吸管出水口放置过滤网，以防吸入的匙吻鲟鱼苗流失。吸污时要注意对死亡的匙吻鲟苗种进行计数和称量，以掌握生长和成活情况，如死亡率过高，要及时查找原因，明确是由于鱼病、还是缺氧，或者是由于饵料不足造成自相残杀，并积极采取对策。

3. 刷洗滤水网

勤检查滤水网，防止生物饵料、杂物等封堵，形成滤水网内外水压差，造成溢水跑鱼。同时刷洗滤水网时，要轻缓，防止水流过快，把匙吻鲟鱼苗吸附到滤水网。洗刷时可在网的外侧进行。

4. 巡查

勤巡查，多观察，主要巡查增氧、进排水、饵料密度、鱼苗活动情况等，并及时记录，发现问题，立即解决。

5. 做好培育日志记录

及时记录苗种培育的各项操作内容、观察的现象、已知的结果、出现的问题等，并不断翻阅、分析、总结，积累更多的经验。

六、疾病防治

苗种培育期间常见疾病防治按表 3.4 进行。带病苗种、畸形苗种应及时清除或隔离观察。

表 3.4　常见鱼病及治疗方法

病名	发病季节	主要症状	治疗方法
水霉病	4—5 月	背鳍、尾鳍发白霉烂	及时清淤、3.0%~5.0%的食盐水或聚维酮碘全池均匀泼洒
车轮虫病	5—8 月	鳃组织坏死、有黏液	0.7 克/米^3 硫酸铜和硫酸亚铁（5∶2）合剂药浴 15~30 分钟（网箱）或全池均匀泼洒（池塘）
小瓜虫病	3—5 月 8—10 月	肉眼可见病鱼的体表、鳍条和鳃上布满白色点状胞囊	15.0~25.0 毫升/米^3 浓度的福尔马林药浴 15~30 分钟（网箱）或全池泼洒（池塘）

备注：参考北京地方标准《匙吻鲟人工孵化育苗技术操作规范》。

七、注意事项

匙吻鲟苗种因其吻部较长，体表无鳞，只有尾鳍上叶及侧线上方有小块状的细小鳞片，故极易受伤，因此在操作过程中，应避免野蛮操作，要轻捉轻放。

匙吻鲟苗种达到 5~6 厘米时，长出“牙齿”，若密度过大，缺少饵料，易互相咬伤，出现“咬尾”现象，此时须及时转入大池培育，降低养殖密度。

培育鱼苗时特别要防止小瓜虫侵害鱼体，除了做好预防措施外，鱼得病后应迅速采取治疗措施，一般采用中草药全池泼洒和提高水温至 25℃ 以上的综合防治，效果较好。匙吻鲟对重金属盐药物敏感，应谨慎使用。

人工驯食成功与否，关键在于循序渐进，不可操之过急，否则匙吻鲟苗种的成活率会大大降低，同时要保证生物饵料的供应，不能间断。

匙吻鲟鱼苗比较娇嫩，起捕前一天要停食，起捕时要带水操作，迅速装入充氧塑料袋中运输。

第三节 苗种池塘培育

一、池塘培育池

1. 池塘条件

匙吻鲟苗种池塘培育池，一般要求东西走向，池底平坦、淤泥少，四周开阔，阳光充足，配备增氧机一台，面积以 2~5 亩为宜，便于操作和管理。池塘进排水方便，水源水量充足、水质无污染。冬季干塘，并经过晒塘的池塘更容易进行生物饵料的培养。必须清除池塘四周杂草，防止匙吻鲟苗种被水老鼠、野猫等伤害。

2. 池塘准备

放鱼前 15 天干池清塘，清塘方法同生物饵料培育池塘的清塘方法，曝晒 3~5 天后注水 60~80 厘米，入水口用密眼筛绢布过滤，防止野杂鱼和有害生物混进池塘。放鱼前 7 天经有机肥 150 千克/亩作基肥，使放养鱼苗后浮游动物种群达到高峰。

3. 防鸟设施准备

匙吻鲟行动缓慢，且喜欢到水面摄食，白鹭、黑鹭等天敌对匙吻鲟的损害非常严重，必须做好防范工作。

防范措施一般有两种：①池塘铺盖网片或按一定距离安装网线。网片一般网线较细、网目较大，可直接防鸟降到水面，而安装网线，鸟也会由于翅膀张开后会搭在网线上，而不敢降落（见彩图 10）。②安置防鸟网（见彩图 11）。在池塘培育池四周钉立桩子，安置大棚式防鸟网，网下留够投喂、拉网等操作的空间，效果很好。

二、鱼苗投放

1. 投放前准备

一般采用单养方式培育。池塘已经培育有丰富的饵料，提前 3~5 小时开增氧机曝气，可提前在前一天晚上，将数尾匙吻鲟苗种放入小网箱，进行试水，安全无误后方可放苗。

2. 投放规格与数量

培育车间的匙吻鲟鱼苗长到 3 厘米以后便可下塘培育，苗种放养时进行数量统计，并称重，测量全长。每亩放养量 1 万~2 万尾，也可按每立方米 30~50 尾的密度投放。鱼苗投放最好在晴天上午，测定温差不要太大。

三、饵料投喂

匙吻鲟鱼苗在池塘放养后，如果池塘中饵料生物充足，可先以培育的生物饵料为食，随着个体的长大，匙吻鲟鱼苗摄食生物饵料的数量变大，需要补充人工配合饲料。因此，在匙吻鲟鱼苗入塘后 2~3 天（或根据池塘饵料生物情况），便可以进行人工配合饲料驯化。驯化时将饲料沿池塘边用力向池塘中抛洒，以形成条件反射，驯化时间以晚上为主，每 2 小时一次，每次投喂量 50 克/万尾左右。要注意池塘表面尽可能没有树叶等杂物，以免影响驯化效果。根据池塘饵料生物的数量，驯化时间一般在 10 天左右即可成功。匙吻鲟鱼苗驯化吃食人工配合饲料后，投喂量逐渐增加，投喂的频率逐渐减小到

3~4 小时一次，完全成功后主要在早晚投喂。

如前所述，目前国内匙吻鲟专用商品饲料品牌较少，也可采用生鱼料、蛙料等特种鱼类膨化料进行驯化。颗粒大小随鱼苗规格变化，开始一般配合饲料粗蛋白含量42%~45%，以优质鱼粉蛋白为主要原料，粒径1.0毫米以下的膨化浮性料，随着鱼体长大，逐渐加大配合饲料的粒径。

四、应用新技术培育苗种

1. 微孔曝气增氧技术

微孔曝气增氧技术即池塘管道微孔增氧技术，也称纳米管增氧技术。它是通过罗茨鼓风机与微孔纳米管组成的池底曝气增氧设施，直接把空气中的氧输送到水层底部，能大幅度提高水体溶解氧含量，是一种不同于传统池塘增氧方式的新型增氧技术。微孔曝气增氧装置安装方便，安全可靠，同时具有以下优点：

（1）高效增氧

微孔曝气产生的微小气泡在水体中与水的接触面极大，上浮流速低，接触时间长，氧的溶解效率高、效果好。

（2）使用成本低

微孔增氧，氧的传输效率高，能使水体溶氧迅速增高，而其能耗不到传统增氧装置的1/4，可大大节约电费成本。

（3）活化水体

微小而缓慢上升的气泡流犹如将水体变成一条缓缓流动的河流，使表层水体和底层水体同时均匀增氧。充足的溶氧可加速水体底层沉积的肥泥、散落和剩余变质的饵料以及鱼类排泄物等有机质的分解，转化为无机盐，使水体自我净化功能得以恢复，建立起自然水体生态系统，使水活起来。

（4）实现生态养殖、保障养殖效益

养殖水体从水面到水底，溶解氧逐步降低，池底又往往是耗氧主要区域。变表面增氧为底层增氧，变点式增氧为全池增氧，变动态增氧为静态增氧，符合水产养殖的规律和需要。持续不断的微孔曝气增氧，提升水体自我净化能力，菌相、藻相自然平衡，构建起水体的自然生态，养殖种群的生存能力稳定提高，充分保障养殖效益。

（5）安全性、环保性能高

微孔曝气增氧的动力装置安装在陆地或养殖渔排上，安全性能好，对水体无影响，而其他传统增氧装置是在水中工作，容易漏电，对人和养殖动物有潜在危险。

每天定时开启和关闭微孔增氧机，是保证水体均衡供氧的重要技术措施。但在高温季节使用时，要注意避免最热的时候开机，使得水体温度过高。

2. 微生态制剂调水技术

微生态制剂是利用正常微生物或促进微生物生长的物质制成的活的微生物制剂。目前被各大饲料生产企业和水产品企业所推广研究，在我国南方很多水产养殖区域，广大养殖户对微生态制剂已经接受，在养殖过程中常常使用。微生态制剂的作用机制主要包括产生抑菌物质、竞争抑制（位点、营养、铁、氧气竞争）、免疫增强及营养作用。目前在国内水产养殖中应用的微生态制剂主要有光合细菌、拮抗菌（交替假单胞菌、产黄杆菌、交替单胞菌、海洋细菌、芽孢杆菌等）、营养与产消化酶微生物菌（乳酸菌、酵母菌等）和改善水质菌种（硝化细菌、反硝化菌等）。

微生态制剂可现场制作，根据厂家提供的套装，与红糖等适当配比，装入容器缸中，经各种有益微生物菌群发酵3~4天，使其带有醇香味（pH值在5.0左右）即可。一般7天一次定期在水中使用微生态制剂，同时可用微生态制剂拌料投喂驯化匙吻鲟鱼苗，可起到调节水质，提高消化率，增强匙吻鲟苗种体质的作用。

采用微孔增氧技术、微生态制剂调水技术，能确保匙吻鲟良好的培育环境和丰富的饵料供给，提高匙吻鲟苗种的成活率和健苗率。

五、日常管理

1. 水质管理

池塘培育匙吻鲟鱼苗，重点是保持水质清新，保持高溶氧水平。通常要求池水“肥、活、嫩、爽”，水体透明度在30厘米左右为宜，池水呈中性或者弱酸性。每天坚持少量换水，勤开增氧机搅水，特别是在晴天午后，必须开增氧机。晚上也应及早开启增氧机。匙吻鲟一般早晚活动于水体中上层，如果不是这样，要及时查找原因。

2. 水生植物控制

匙吻鲟鱼苗培育池无草鱼、鲤等草食性和杂食性鱼类，因此匙吻鲟苗种培育池极易生长浮萍和丝状藻类。对于浮萍，在有风的情况下可以在下风口打捞；对于丝状藻类最好的办法就是一经发现，马上转塘，以防对浮游动物和匙吻鲟鱼苗造成损伤，现还没有较好的药物能有效杀灭丝状藻。

3. 捞除杂物

匙吻鲟性情温顺，具有长吻，游动不太灵活，因此放鱼前应清除池中容易缠绕堵卡匙吻鲟的树枝、网片、塑料袋、水草等异物，捞除方法和捞除浮萍的方法相同。

4. 鱼病防治

坚持“防重于治”的原则，同时以增强鱼体体质为主，一般情况下，匙吻鲟鱼苗不易发病。现已发现的疾病主要是外部寄生虫疾病，如小瓜虫病、车轮虫病、口丝虫病和舌杯虫病等，发病率较低。

六、捕捞销售

匙吻鲟鱼苗生长到12厘米以上时，可考虑捕捞销售。捕捞前停喂时间视距离而定，长距离运输需要提前密集停食一天，以适应高密度环境。匙吻鲟苗种捕捞比较容易，采用拉网捕捞（图3.8），一次拉网90%以上的上网率，清塘捕捞的方法因剩余水量较少，极易浑浊，引起匙吻鲟死亡，不建议采用。拉网捕捞应注意：①动作要快、轻、柔；②防止匙吻鲟鱼苗堆积，容易引起死亡，若鱼苗放养过多，可考虑拉半网后再拉全网；③要及时清理网里的丝状藻、淤泥、浮萍等。

图3.8　鱼种捕捞

近距离销售一般采用塑料袋充氧（图 3.9），每袋放 50 尾左右，根据运输距离和温度适当调整；长途运输一般用鱼罐车，一方水装 1 000~1 500 尾。到达地点后要缓苗适应水温，再缓慢将鱼苗放入池中。

图 3.9　待售鱼种装袋

第四章
匙吻鲟成鱼养殖

第一节　影响匙吻鲟生长的主要因素

要养好匙吻鲟，首先要了解影响匙吻鲟生活和生长的主要因素。

一、水温

水温直接影响鱼类的代谢强度，从而影响鱼类的摄食和生长。匙吻鲟适温范围广，其生存温度范围为0~37℃，适宜温度为15~25℃，适合我国大部分地区养殖。应当尽量保证水体维持在其适宜的温度范围内。匙吻鲟养殖池塘需要保证一定的水深，一般深度应在1.5米以上，这样可以让匙吻鲟在夏天避开池塘表层的高水温，在冬天能在冰下的水中正常生活。养殖户要抓住最适温度期强化饲养管理，加速鱼类的生长，以提高养殖效益。

另外，池塘水的溶氧量随着水温升高而降低，而水温上升鱼类代谢增强，耗氧量增高，因此，高温季节容易出现池塘缺氧现象，需要多加注意。

二、水质

匙吻鲟适宜生活的养殖用水主要指标包括：溶解氧 6~9 毫克/升，pH 值 7.0~8.4，氨氮为 0.02~0.06 毫克/升，亚硝酸盐为 0.001 5~0.010 毫克/升。其他水质指标符合 GB 1160《渔业水质标准》和 NY 5051-2001《无公害食品 淡水养殖用水水质标准》。

溶解氧是鱼类生存生长的必需元素。溶氧低于需要的量，鱼类就会缺氧，轻则影响生长，重则导致浮头死亡。氨氮和亚硝酸盐含量过高会毒害鱼类。因此，只有各项水质指标保持在适宜的范围内，匙吻鲟才能健康快速生长，相反水质差，匙吻鲟生长慢，易得病，甚至造成大量死亡，勤换水、池塘微流水养殖匙吻鲟的方式，其效果明显好于静水池塘。

三、苗种

苗种质量很大程度上决定了养殖成败。健康的苗种成活率高，长得快，不易得病，是丰产丰收的根本保证。

普通池塘养殖，建议购买全长 10 厘米以上的鱼种；网箱养殖，建议购买全长 12 厘米以上的鱼种，如果条件许可，尽可能购买和投放更大规格的鱼种。陕西省安康瀛湖地区网箱养殖户投放全长 15 厘米以上的鱼种，成活率达到 93%，效果很好。

如果投放规格小于 7 厘米的鱼种，要做好人工饲料驯化工作。鱼苗下塘前，先用有机生物肥肥水，培养浮游动物，以供鱼苗下塘后摄食，前期可以不投喂人工饲料；当鱼苗长到 5~6 厘米以后，开始投喂少量膨化饲料，并逐渐加大投喂比例，当鱼苗达到 7 厘米以后，就可以全部投喂膨化饲料，以后再根据鱼的大小，选择适宜大小（粒径）的饲料。

目前，国内匙吻鲟养殖的苗种主要来自湖北和四川。

总的来说，要养好匙吻鲟，保证足量优质健康苗种，以及要营造适合匙吻鲟生长的生态环境都是非常重要的。

四、投饲

在渔业生产中，鱼长得好不好，养殖效益高不高，饲料投喂是关键因素之一。一方面，饲料配方不合理会引起鱼的营养缺乏症，饲料投喂不够会使鱼饥饿消瘦、生长不良甚至发生鱼病；另一方面，饲料费用往往占到养殖成本的60%以上，投喂过多造成浪费，残饵污染水质。因此，只有科学合理地投喂优质饲料，降低使用饲料的成本，以较低的饵料系数取得较高的产量，才能有良好的经济效益。匙吻鲟虽是滤食性鱼类，但它有一个显著的特点，就是可以摄食人工配合饲料，这也使它能够适应多种不同类型的养殖模式。

匙吻鲟投饲管理的技术要点如下：

1. 选择优质饲料

匙吻鲟主要滤食水中的浮游动物，还可摄食水中的昆虫幼虫、水蚯蚓等。在人工养殖条件下，经过驯化的匙吻鲟也可以摄食颗粒配合饲料，最好是合适的浮性膨化颗粒配合饲料。

配合饲料营养要全面，满足能量、蛋白质、脂肪、必需氨基酸、必需脂肪酸、粗纤维及各种矿物质和维生素等需要。蛋白质含量也是鱼饲料质量的主要指标。目前，国内匙吻鲟专用配合饲料品牌较少，本团队的研究表明，匙吻鲟饲料最适蛋白质水平为40. 6%，最适脂质水平为7. 9%，生产实践则表明，匙吻鲟饲料的粗蛋白含量应达到35%~40%，匙吻鲟生长较好。根据生长期来确定具体投喂颗粒饲料的粒径（大小）。坚决不投劣质和变质饲料。

2. 合理投饲

要坚持定时、定位、定质、定量的“四定”原则，要坚持看水温、看水质、看天气、看摄食的“四看”方法，合理投饲。具体操作方法：

（1）掌握投喂标准

根据鱼的大小、生长状况和吃食规律，合理安排投饲量、时间和次数。日投饲量为匙吻鲟体重的2%~3%左右，投喂次数一般每天3次，投喂的具体时间根据天色变化而定，一般为19:00、23:00和4:00，主要在夜间投喂，第一次傍晚渐入夜色时投喂，喂完后夜色已完全变黑。通常，每次投喂时控制鱼吃食到“八成饱”，即八成鱼吃饱，还有两成鱼吃得不很饱，这样可以维持鱼群食欲旺盛，减少饲料损失。正常情况下，投喂1小时后饲料基本吃完。投喂后1小时内吃完，且有很多鱼在水面，表明要适当增加投喂量，1小时还没吃完，要适当减量。如果经过几天时间的正常投喂，鱼吃食状况会明显变好，吃食时间段摄食快，说明鱼体已增重，应增加投喂量。

（2）观看池塘水色

一般肥水呈现油绿色或黄褐色，上午水色较淡，下午渐浓。水的透明度在30厘米左右，说明肥度适中；透明度大于40厘米时，水质太瘦应增加投饲量；透明度小于20厘米时，水质过肥，应停止或减少投饵。

（3）注意合理操作

投喂地点要固定。应选择池塘背风的一侧，水较深、底质较硬（少渗漏）、较开阔处。投喂时不可将饲料一次性倒入池中，以免营养成分溶解散失而造成浪费或败坏水质。投喂饲料及驯化时应把握“慢—快—慢”的节奏和“少—多—少”的投喂量，少量多次，每次投喂时间50分钟左右，保证鱼正常的消化吸收。

3. 加强饲养管理

（1）注意天气变化

天气晴好时正常投饲。阴雨天少投，天气闷热及雷电大雨时不投。因为这类天气水中溶氧低，鱼食欲不旺，这样做可以减少饲料的浪费，保持水质清洁，防止因剩料耗氧败坏水质甚至引起泛塘。

（2）加强巡塘

每天早晚巡塘时，要仔细观察鱼类活动情况。定期检查鱼类生长情况，发现没有达到应有的规格或个体悬殊较大，应及时调整增加投喂量，补充营养，确保其正常均衡生长。

第二节　匙吻鲟水库网箱养殖

水库网箱生态养殖匙吻鲟，是充分利用水库大水面良好的生态环境，生产绿色无公害水产品的养殖技术。匙吻鲟水库网箱养殖分为投饵网箱养殖和不投饵网箱养殖两种模式。匙吻鲟主要以浮游动物为食，因此，如果水域中浮游动物丰富，可充分利用这些天然饵料，进行不投饵养殖匙吻鲟，一方面降低成本，另一方面可以避免残饵污染水质，这一方式特别适合于水源地水体。而在非水源地的水库等大水体中养殖，如果浮游生物较少、水质清瘦，满足不了匙吻鲟摄食生长的需要，则需要投喂饵料，即采用投饵网箱养殖的模式。

水库网箱养殖匙吻鲟，可以投饵进行适当高密度放养，也可以不投饵进行较低密度放养；可以用来培育大规格鱼种，也可以用于饲养商品鱼；可以单纯只养匙吻鲟，也可以养匙吻鲟为主，搭配少量肉食性和杂食性鱼类，充分利用水体饵料资源，增加单箱产值。总体原则是根据水库类型、苗种供应、资金投入、市场需求、技术管理水平等综合考虑，选择符合养殖户自身实际情况的养殖模式。

笔者在陕西省安康地区进行了池塘投饵和网箱不投饵养殖匙吻鲟对比试验，结果表明：池塘养殖匙吻鲟日增重高于网箱养殖，而网箱养殖匙吻鲟产出/投入比较高。总体看来，池塘投饵养殖匙吻鲟生长周期短，但投入较大；

网箱养殖匙吻鲟则投入少，单位产量高，但生产周期长。建议养殖户结合自身条件选择适宜的养殖模式。

一、网箱养殖的优点

①可节省土地、劳力，投资小，收效快。网箱在正常情况下，可连续使用2~3年。

②能充分利用水体和饵料生物，水质优良，鱼生活环境好，生长快，病害少。

③网箱可根据水环境条件的改变移动，不受旱涝影响，机动灵活、管理方便，容易实现高产稳产。

④起捕容易。收获时不需特别捕捞工具，可一次全部捕捞上市，也可根据市场需要，分期分批起捕，便于活鱼运输和销售。

二、水域条件

设置网箱的水域必须满足高产养殖所需要的基本条件：其一，适应鱼类生长的时间长。生长期的平均水温高，匙吻鲟一般要求4月下旬至10月中旬，平均水温在15℃左右，生长季节平均水温20℃以上。其二，水质好、溶氧量高。匙吻鲟进行网箱养殖，一般在水库及其他类似条件的水体进行，水深在4米以上，水位相对稳定，风浪较小，水质良好、无污染、有微流水，浮游动物较为丰富。要求环境安静、避风向阳、交通方便。

三、网箱的种类

网箱按有没有盖网，分为封闭式和敞口式（见彩图12）。养殖匙吻鲟或其他滤食性鱼类及需要越冬的水体，一般采用封闭式网箱（有盖网）；养殖吃食性鱼类（如鲤、草鱼）一般采用敞口式网箱。按网箱形状分，有长方形、正方形、多边形和圆形，常见的一般是正方形；按网箱设置方式分，有固定式、浮动式和下沉式三种，采用最广泛的是浮动式网箱。固定式网箱不能随水位变动而浮动，箱体的有效容积（浸没水中的深度）会因水位升降而发生变化，同时，由于网箱不能移动，鱼的粪便、残饵长期在小范围内积累，对网箱的水体污染较大，一般情况下很少使用。下沉式网箱箱体全封闭，整个网箱沉入水下，比较适宜养殖滤食性鱼类，也可以用来解决温水性鱼类在冬季水面结冰时的越冬问题。

四、网箱结构和规格要求

1. 网箱的基本结构

网箱主要由箱体、框架、浮力装置、投饵装置四部分组成，其他附属设施有固定器、值班房等。选择网箱材料时，应考虑到来源方便、耐用、经济、制作装配方便、操作使用灵活等要求，力求把网箱架设得牢固扎实，避免垮塌和被大风吹倒等事故发生。

（1）箱体

箱体是网箱结构的主要部件，由网片和纲绳组成。网片使用材料，我国广泛采用聚乙烯合成纤维，几乎不吸水，能浮于水面，具有较好的强度，耐腐蚀、低温、日光的性能良好，材料轻便，价格便宜，一般可使用5年甚至更长时间。各种规格的网箱在当地的渔具商店都有出售，方便用户选购使用。

（2）框架和浮力装置

框架是箱体定形的装置。一般使用竹子、木条、密封塑料管或金属管（铁管或钢管等）连接而成。竹、木易装配，价格低，但使用年限短，易损坏。塑料管和金属管经久耐用但成本高，可根据资源和价格选用。浮力装置，是浮动式网箱框架依托装置，竹、木吸水前有相当浮力，既可作框架，也可作浮子用，塑料管、聚乙烯塑料块、旧汽油桶及玻璃浮球等都可作网箱浮力装置的材料（见彩图13和彩图14）。

（3）灯光装置

网箱上架设有7瓦照明灯以诱集浮游动物，诱饵灯距水面约0.5米，天气晴时坚持每晚定时开照明灯，开灯时间20:00至次日8:00。

（4）固定器

是网箱养鱼的一种附属设施。作用是将网箱固定于一定区域内。浮动式网箱（见彩图15）一般采用抛锚的方法，将绳的一端拴在箱体框架或浮力装置上，另一端系上条石、混凝土块或金属锚等重物抛入水中，视网箱多少、排列方式决定抛锚多少。抛锚绳索应与网箱之间留有一定余地，使网箱能在一定范围内漂移和升降，防止因水位变化，绳索太短而拉垮框架，使网箱下沉的事故发生。

另外，如果是投饵养殖，为了避免饵料飘出网箱，可用竹竿或PVC管设置方形或圆形投饵框，或者用密眼网在网箱中设一个无底的、入水30厘米的围栏。

2. 网箱的规格要求

（1）网箱形状

网箱形状有正方形、长方形、多边形、圆形等。从制作装配、安装和操作管理方面考虑，长方形和正方形比较好。养殖匙吻鲟等滤食性鱼类，可以使用长方形，在安装时让水流方向垂直于网箱长边，可以使更多的浮游生物进入网箱。正方形网箱养殖吃食性鱼类，可以把饵料投到网箱中心，减少散失的程度，有利于饵料利用。由于裁剪、制作、装配都较方便，我国多采用正方形、长方形两种。

（2）网箱面积

我国已制定出网箱面积的规格标准，面积在30平方米以下的为小型网箱，30~60平方米的为中型网箱，60~90平方米的为大型网箱。目前一般使用的鱼种和成鱼网箱多为5米×5米、6米×6米、10米×10米、12米×8米等规格。

（3）网箱深度

箱体深度以养殖水域的深浅而定，还要侧重考虑养殖水域中溶氧的垂直分布情况。通常3米以上的表层水溶氧丰富，也是浮游生物主要的生活区域，6米以下水层的溶氧和饵料生物已不适宜匙吻鲟的生长需要，一般采用4~6米的网箱深度。

（4）网目

网目的大小与放养鱼种规格有着密切的关系，并与网片滤水面积，也就是和网箱水体的交换量密切相关。因此，网目规格的确定，除应考虑养殖对象以外，还要以节省材料、有利于网箱内外水体的交换为原则。在生产中，鱼种箱的网目通常用1~2厘米，可放养4~4.5厘米的夏花，直到培育成大规格的鱼种。成鱼箱的网目用2.5~4.0厘米，进箱鱼种体长要求在12厘米以上，可以一直养成商品鱼。放养不同规格鱼种适用网目的大小也不一样。网目可以随着鱼体的长大而增大，也就是随着鱼的生长更换不同网目规格的网箱，或提大留小将生长较快的鱼及时转到网目较大的网箱中饲养。这两种办法虽然在操作管理上增加了工作量，但有利于鱼的生长，出箱规格整齐。

例如，陕西安康瀛湖库区匙吻鲟不投饵网箱养殖，鱼种网箱规格为6米×3米×3米，网目1厘米，用于全长10厘米的匙吻鲟养殖，选用较小的网目，是为了防止匙吻鲟的吻部插入网孔中不易退出而造成死亡。鱼种网箱加盖网目为2~3厘米的盖网，以防鸟害。成鱼网箱规格30米×30米×6米，网目4厘米，养殖全长为30厘米以上的大规格匙吻鲟，可不用盖网。

根据水体饵料资源的丰富程度和不同养殖阶段，瀛湖库区鱼种网箱（6 米×6 米×3.5 米）放养密度为 1 000 尾/箱左右，待其长到 30 厘米以上后，转移到成鱼网箱中进行成鱼阶段养殖，放养密度为 100~200 尾/箱。

五、鱼种放养前的准备工作

1. 备足鱼种

鱼种来源：一是自己培育，二是从外购买。如养殖规模较大，最好采用自己配套苗种池或网箱培育的苗种。可选择购入全长 8~12 厘米，人工驯化基本成功的匙吻鲟鱼种，转到网箱内进行中间培育，利用灯光诱饵、微生态制剂饲料添加等技术促使匙吻鲟苗种尽快适应网箱环境，更好、更快生长。网箱水质清新，摄食效果好，苗种生长快，10 天左右可生长到 15~18 厘米，成活率高，生长速度快，技术和管理难度低，成效好。

也可从外面直接购买质量好的优良鱼种放养。要预先作好成批定购工作，不宜临时收集零星鱼种入箱。如果鱼种来源分散，不但鱼种规格不整齐，操作、运输较困难，而且往往使鱼种损伤大，入箱后易患病死亡。

2. 网箱安装

在鱼种入箱前 4~5 天将网箱安装好，并全面检查一次，四周是否拴牢，网衣有无破损。4~5 天后网衣会附着一些藻类，可以减少鱼种游动时被网衣擦伤。

3. 鱼种消毒

鱼种入箱前在捕捞、筛选、运输、计数等操作环节应做到轻、快、稳，尽量减少机械损伤，降低鱼病感染机会，这是预防鱼病的关键环节。鱼种入箱前可用药物浸洗。药物浸洗必须严格按要求进行，以免发生中毒事故（图4.1）。生产实践证明，来自同一水体培育的鱼种，只要体格健壮，体表无伤，可以直接入箱或用3%~5%食盐水消毒8~10分钟，成本低、效果好。

图4.1　鱼种计数与消毒

4. 进箱时间

进箱时鱼种长到10厘米左右，正是水温较高的季节。因此，鱼种捕捞、运输、进箱时间应尽量避开高温时段，最好在早晨或傍晚进行。

六、鱼种放养

为了提高养殖成活率，鱼种放养规格应大于12厘米，要求体格健壮、无病无伤、规格整齐。放养时要尽量带水操作，水温差小于3℃。放养密度看浮游生物的多少而定，一般为30~40尾/米^2，5月中旬投放，不投饵网箱可适当降低放养密度，为3~4尾/米^2。鱼种进箱后前3天，可每天用100克维生素C化水在网箱中泼洒，以降低应激。

陕西安康瀛湖库区在每口 30 米×30 米×6 米的成鱼网箱中，套养 300 尾 50~100 克、全长为 15 厘米以上的鳜；同时套养 1 000 尾 100~150 克，全长为 20~25 厘米的鲤。鳜主要以进入网箱的野杂鱼为食，鲤则可啃食附着于网片的藻类。每口 6 米×6 米×3 米的鱼种网箱套养 20~30 尾鳜，全长为 7~8 厘米，30~40 天之后鳜全长达 15 厘米以上时转入成鱼网箱。

养殖周期以位于汉江上游流域的安康地区为例，适宜匙吻鲟生长的时间是 3 月初至 10 月底，共约 8 个月时间，匙吻鲟苗种一般在 6—7 月入网箱，当年适宜生长的时间只有 4 个多月，体重可达 0.5 千克，翌年 3—7 月这 4 个月又生长 0.5 千克，因此养殖 2 龄匙吻鲟，可使鱼的适宜生长时间多出 3~4 个月，相同情况下总体产量提高，效益也有提升。

七、饲养管理

1. 科学投饵

放养开始以投喂浮游动物（如红虫）为主，然后逐步驯化转食，变为投喂膨化浮性配合饲料。饲料要求配方合理，营养丰富，新鲜不变质，粒径适口。投饵遵循“四定”原则。在水温 20~30℃时，日投饵率为 1.5%~3%；水温 20℃以下时，日投饵率为 1%~1.5%。具体根据摄食情况、天气、水质等调整。投饵次数一般每天 3 次，分别是早上 5:00、傍晚 7:30、晚上 24:00，以 1 小时内吃完为宜。

2. 灯光诱饵技术

单纯采取灯光诱饵技术（见彩图 16），不投喂人工配合饲料，也可进行匙吻鲟网箱养殖。目前生产实践中常常采用既投饵又灯光诱饵的方式。这一技术是利用浮游动物的趋光性，将其诱集到网箱内供匙吻鲟摄食的一项技术，也是网箱不投饵生态养殖匙吻鲟的关键技术。开灯时间一般夏季20:00到次日5:30，秋冬季18:00到次日6:00。采取天快黑时开灯，次日黎明时关灯的方式，具体时间根据季节和天气调整。在每口网箱中央30~50厘米处上方安装一盏10瓦左右的白炽灯，夜间点亮，吸引周围的浮游动物到网箱里供匙吻鲟摄食，促进其生长，节约饲料。

安康瀛湖库区采用灯光诱饵技术网箱养殖匙吻鲟，经过120天的饲养，显示出较好的生长速度，全长、体长、吻长和体重都有明显的提高。灯光组和无灯光组的全长增长比为2.49，体长增长比为2.42，吻长增长比为2.06，灯光组的平均日增重为无灯光组的6.05倍。

3. 及时分箱

匙吻鲟生长速度快，应每月检查一次鱼的生长情况，按大小及时分箱饲养，避免两极分化，同时调整单箱密度和投饵量。

八、日常管理

在网箱养鱼生产中，由于一时管理疏忽而导致养殖失败的事情在生产中时有发生，因此日常管理不可掉以轻心。主要工作有以下方面：

1. 巡箱

(1) 早、中、晚巡箱

细心观察匙吻鲟的摄食和活动情况，及时捞除残饵和污物。

(2) 保证网箱安全

每天检查网箱的网片是否有破损或框架有无松动，及时修补或固定，防止逃鱼。可采取箱中放几条彩色观赏鱼，作为指示鱼类的做法，防止逃鱼现象发生。

(3) 做好日常记录

每天记录好气温、水温、投饵量和发病死亡数量等。发现异常情况，及时采取措施。

2. 清洗网箱

网箱入水一段时间后由于生物附生、有机物附着而造成网眼堵塞，影响箱内外水体交换，不利于箱内粪便、残饵的排除和天然饵料、溶氧的补给。清除污物目前采用的办法有：

(1) 人工清洗

用手将网衣提起，摆动网衣抖落污物，或用竹竿、树枝等拍打网衣。堵塞严重的网箱，有条件的可换下，晾干将污物清除后再使用。

(2) 机械清洗

用高压水枪或潜水泵等冲洗，省时省力，提高工效。

(3) 生物清污法

利用某些鱼类刮食附生藻类和附着有机物的习性，在网箱中适当混养一些杂食性鱼类，如鲤、鲫、罗非鱼、黄尾密鲴、细鳞斜颌鲴等，能起到清除附着藻类的作用。

3. 灾害性天气的预防和检查

网箱设置在水库、湖泊等大水体中，大风、暴雨、洪水等的袭击，都会危害到网箱。所以应根据灾害天气预报，提早应对网箱进行检查。浮动式网箱，除了加固各部位外，条件允许的还可把网箱移动到湾、汊或其他安全区域以避风浪。水位变动剧烈时，要随时调整网箱抛锚绳索，以免发生意外。当灾害性天气过后，也要仔细检查一遍，发现问题及时处理。

汛期水库水比较浑浊，匙吻鲟可能有皮肤感染的情况出现，可使用碘制剂进行消毒。当夏季表层水温持续高于 30℃时，可使用小型潜水泵抽取库区深处较低温度的水，喷洒到网箱中进行降温。

九、鱼病预防

网箱设置在大水体中而且鱼的密度很高，预防鱼病不能完全照搬池塘养鱼的方法，例如药物不适合全池泼洒等。日常管理时发现病鱼、死鱼及时捞出，在远离网箱的岸边深埋，不能随意丢在网箱附近，防止传播病菌或败坏水质。严禁使用违禁药物。

近几年陕西安康地区瀛湖库区在 5 月左右，当地的一种植物花絮飘到养殖水面，被匙吻鲟误食后，引起大面积死亡，死亡率较高，死亡原因尚不明确，可能与摄食后消化不良或带有毒性有关。目前采取的措施有，在上风口和水流上游密网拦截。

鱼病预防可采用以下方法：

（1）用漂白粉挂袋

每只网箱（中、小型）用 2~4 只漂白粉袋，每袋装漂白粉 100~150 克，连续挂 3 天。挂袋后短时间单位面积内药物浓度升高，要注意观察鱼的情况，挂袋后 2~3 天可能影响鱼类吃食。杀灭寄生虫最好选用对鱼毒害较小的敌百虫挂袋。

（2）投喂药饵

在鱼病多发季节，可以每 20 天制作并投喂药饵 1 次预防，投喂 3~4 天，常用药物有肝胆宝、三黄粉、水产用 Vc 等。

（3）药浴

苗种放养和每次分箱时用 1%~2%的食盐或 0.4 毫克/升的二溴海因等药物药浴后再进箱。

十、越冬

1. 越冬前的准备

① 越冬网箱应加大网目，以不逃鱼为度，有利水体交换。

② 沉箱地点应选择水面宽敞、水质清新、溶氧丰富、避风向阳、水深 7 米以上的库湾湖汊。

③ 为保证鱼种越冬前体质健壮，提高成活率，越冬前应投饵喂养到水温 6~8℃，直到鱼不吃食为止。不要过早停食造成鱼体质衰弱，影响越冬成活率。

④ 池塘鱼种转入网箱越冬，应在水温 15℃左右时进行，容易适应网箱环境。入箱后至沉箱前，应继续喂养，以保证体质，提高成活率。

⑤ 鱼种入箱前用漂白粉 10 毫克/升或食盐 2%~3%严格消毒，彻底消灭病原体，以防高密度下鱼病爆发。

2. 越冬管理

① 沉箱时间应选在表层水温降至 5~8℃时进行。密度应以箱内鱼群不因缺氧窒息，并最大限度利用箱体空间为原则。冰下预定水层溶氧为 8 毫克/升以上时，鱼的越冬密度为 15~20 千克/米^2；溶氧为 5 毫克/升以上时，越冬密度为 10~15 千克/米^2。

② 越冬期间，禁止在沉箱附近的冰面上滑冰及人、畜行走，打搅鱼种安静越冬。

③ 春季起箱后，5℃左右鱼即开始吃食，要及时投喂。

第三节　水库（湖泊）放养

水库或湖泊这类大中型水面，还可以采取放流散养等方法，把匙吻鲟当做水库渔业的一个优良增殖对象。我国大部分水库的生态条件适宜匙吻鲟的自然生活要求。由于匙吻鲟的市场价格是同为滤食鱼类的鲢和鳙的几倍，如果在水库中或湖泊适当放流散养匙吻鲟，部分取代鲢和鳙，就可以用较低的放养量来获得较好的经济效益。既改善了养殖品种结构，又充分利用了水库中的饵料生物资源，同时也利用匙吻鲟的滤食习性起到净化水体作用，具有良好的社会效益和生态效益。

水库放养的匙吻鲟规格体长应大于40厘米，这样的鱼生存能力强，成活率较高，生长速度一般也快于小水面中的匙吻鲟，当年鱼体重能达到0.75千克以上，第二年可超过2千克，第三年底可超过3千克。放养数量具体可根据水体情况如面积、水质和生物饵料情况决定，散养放养量1～15尾/10亩，富营养型（浮游生物多）水体，放养量可达20尾/10亩以上。

水库放流匙吻鲟的管理主要应注意以下几点：

① 建好拦鱼设施，防止放养的匙吻鲟外逃；

② 确定合理放养密度，根据湖泊和水库中浮游动物数量以及现有鳙生长情况来决定匙吻鲟合理的放养数量；

③ 经常清除凶猛鱼类，减少匙吻鲟的损失；

④ 做好防盗和防非法捕捞（如电鱼、毒鱼）工作。

匙吻鲟一般生活在水中上层，不善跳跃，容易捕捞。捕捞时可采用围网和拦、赶、刺、张等方法，将大部分匙吻鲟起捕。

第四节　匙吻鲟池塘养殖

匙吻鲟池塘养殖可采用以匙吻鲟为主要养殖对象的主养模式，通过施肥来培养肥水，繁殖水中的浮游动物，有效节省饲料，降低养殖成本；也可以在养其他鱼类的池塘中搭配养匙吻鲟，提高亩产值，即采用匙吻鲟套养模式。当前，池塘主养匙吻鲟在北方地区尚不普遍，广东南海一带单产水平较高。

一、池塘主养模式

在普通静水池塘主养匙吻鲟，关键技术在于保证水质和溶氧。增氧机为必备的设备。

1. 池塘和设施条件

单个池塘面积3~10亩，水深2.0~3.0米，池塘呈长方形，四周有水泥护坡，池底为泥底。水源充足，排灌方便，水质符合NY 5051的规定。增氧机按1千瓦/亩配置。

2. 苗种放养

（1）清塘与消毒

苗种放养前进行彻底清塘，清除池内过多污泥、池边杂草及各种野杂鱼，然后用生石灰化浆后全池泼洒消毒，每亩用量75~100千克，杀死残留野杂鱼和病菌等。曝晒5天后注入新水，灌水10~15天后，向池塘施生物有机肥来培养浮游生物，每亩用量100~150千克。经过4~5天水质逐渐变肥，透明度在30厘米左右，约7天后能看到池中大量成团的红虫（枝角类）及其他浮游生物在水中漂浮，匙吻鲟下塘后就有足量的食物。

（2）苗种放养

主养鱼种为匙吻鲟，不套养鳙，少量搭养虑食性鱼和高档吃食性鱼，常见种类有鲢、斑点叉尾鮰、鲈鱼和鳜等，以有效利用水体和天然饵料生物。建议不要套养鲤和草鱼，避免其抢食匙吻鲟饲料，影响匙吻鲟的生长。匙吻鲟苗种规格一般为每尾 15 克（全长 12 厘米）以上，放养密度每亩为 1 000~1 500 尾，主养匙吻鲟模式放养情况见表 4. 1。

表 4. 1　放养情况表

品种	规格（克/尾）	数量（尾/亩）	放养时间
匙吻鲟	15. 0~40. 0	800~1 200	5—6 月
白鲢	30. 0~50. 0	80~100	5—6 月

苗种放养前 4 小时左右开启增氧机，并进行苗种试水，确保安全后方可放苗。苗种放养前必须先用 5%的食盐水溶液浸洗 20 分钟后再投放鱼池，入池第 2 天开始投喂驯化。

3. 投饲

匙吻鲟主要摄食浮游动物，在人工饲养情况下，幼鱼经过驯化可以摄食膨化浮性配合饲料。生产上采取适当培肥水质与投喂膨化浮性配合饲料相结合的办法，可使匙吻鲟生长快，患病少，成活率高。

放养初期以肥水和投喂膨化浮性配合饲料相结合，以后逐步改投膨化浮性配合饲料，转食驯化在每天的黎明或黄昏进行为宜。饲料的投喂方法要坚持“四定”原则。

（1）饵料

饲料质量应符合 GB 13078 和 NY 5072 的规定，饲料营养应满足匙吻鲟生长的需要。人工配合饲料要求新鲜适口。可采取拌喂微生态制剂的方法，即将菌液与饲料均匀拌和（5毫升/千克），0.5小时后进行投喂，可提高匙吻鲟消化能力和免疫力，增强体质，提高生长速度，增加效益。

（2）投饲量

投饲率的确定主要根据水温、鱼体大小、吃食情况及气候因素等综合考虑。一般在水温25.0℃时，日投饲率为1.5%~3.0%（表4.2），由此计算的投饲量为投饲限量。实际投饲量依据水温确定，一般为投饲限量的60%~100%（表4.3）。并根据摄食情况、天气、水质等情况及时调整。匙吻鲟在适温范围内，摄食量随水温升高而增大，水温18~20℃，按鱼体重的1.0%投喂；水温20~24℃，是鲟鱼快速生长的时期，按其体重的1.5%~2%投喂；水温24~28℃，虽然摄食量大，但生长速度相对减慢，按鱼体重的2.5%~3%投喂。

表4.2　匙吻鲟日投饲率（投饲限量）（水温25℃）

规格（克/尾）	50	250	500	750	1 000	2 000	3 000
日投饲率（%）	3.0	2.7	2.4	2.2	2.0	1.7	1.5

注：参考浙江省地方标准《无公害匙吻鲟第2部分：成鱼养殖技术规范》。

表4.3　匙吻鲟实际日投饲量

水温（℃）	16~19	20~23	24~27	28~30
实际投饲量（%）	60	80	100	80

注：参考浙江省地方标准《无公害匙吻鲟第2部分：成鱼养殖技术规范》。

（3）投喂次数、时间

正常投饲次数为每天3次，投饵时间为：早晨5:00—6:00，下午

19:30—20:30和24:00—1:00。水温在20.0℃以下时投饲次数为2次/天，投饵时间为上午5:00—6:00，下午19:00—20:00。投喂时，先撒少量饵料，引鱼至饵料台，等鱼成群聚集后再大量投料，以喂到“八分饱”为原则，整个投喂过程控制在50分钟左右。

（4）投喂地点

每个鱼池设饵料台1~2个，饵料台面积为16平方米左右，设在投喂方便、向阳和水交换好的地方，以利于鱼的摄食。平时集中在饵料台投喂，使匙吻鮰形成定点觅食的条件反射。

4. 日常管理

（1）水质监测

每隔3天测一次水质，可使用测试盒进行检测，时间为早9:00，每天监测水温和溶氧，一周测定一次浮游生物量。

（2）泼洒微生态制剂

每隔一周上午9:00—10:00（选择晴天）泼洒一次，用量1千克/亩，稀释后全池泼洒，然后打开微孔增氧机。

（3）增氧机的使用

池塘安装叶轮式增氧机、微孔增氧机和喷水式增氧机3种增氧设备。晴天中午12:30—14:30开微孔增氧机、14:30—16:30开叶轮式增氧机，晴天与阴天其他时间开喷水式增氧机，喂鱼前5分钟关，喂鱼后15分钟打开。

（4）用药

每月使用内服药物（肝胆宝、三黄粉、水产用Vc等）一次；杀虫药物与杀菌药物每月使用一次，交替使用。

（5）其他

勤清理进水、排水口与水面杂物，微流水控制；每天填写池塘日志，准确记录饲料和微生态制剂使用时间和用量、施肥、用药时间和用量；定期抽测，每月抽测一次；实施“五巡管理法”：清晨早起、三餐后、睡前巡塘观察水质情况、鱼活动情况，结合投喂观察，防患于未然，将隐患消灭在萌芽状态。

5. 鱼病防治

鱼病防治是日常管理必不可少的，又是养殖技术的关键，故而独立成章加以论述，相关内容请参见第四章内容。

6. 越冬

越冬并塘前（水温 10℃左右）一周停止投饵，选择晴好天气拉网锻炼两次，然后进行筛选、过数、并塘。要求分类单养，即同一池中放同一规格。越冬期间放养密度为 1 500 千克/亩，在冬季不结冰的地区，将匙吻鲟放入 1.5 米水深以上的池塘中，越冬没有问题。匙吻鲟也可在冰下越冬，越冬池位置要避风向阳，面积不宜过大，每个池 1～2 亩为宜，水深保持 2 米以上。当水温低于 8℃时，将鱼移入越冬池内越冬。越冬期间，定期清除冰面积雪，保持水质良好和环境安静，温度回升后尽快稀分饲养。

7. 捕捞

匙吻鲟平均体重达 750 克以上，可起捕上市。匙吻鲟习性与鳙相似，性情温和，不善于跳跃，易捕捞，池塘饲养匙吻鲟，拉网捕捞，第一网起捕率可达 90%以上，也可以抬网起捕，最好不要干塘捕捞。

另外，从提高匙吻鲟品质的角度考虑，可将饲料饲喂的匙吻鲟转移到库区网箱，进行一个阶段的不投饵暂养，对改善其肉质会有一定的帮助。

二、池塘套养模式

池塘套养匙吻鲟，就是在养殖草食性和肉食性鱼类的塘中混养少量匙吻鲟。在池塘中套养匙吻鲟，可以充分利用水体和天然饵料资源，不需要专门投喂和管理，便能提高池塘养殖的效益。

1. 池塘条件

匙吻鲟不宜在小面积或精养高产塘中混养。因为精养塘鱼类密度大，溶氧含量经常大起大落，且常采取轮捕轮放技术，这都对匙吻鲟生长不利。单个池塘面积以 10 亩以上为宜，水深 2. 0 米左右，水质良好，进排水方便。

2. 鱼种放养与消毒

放养的匙吻鲟规格为 100 克/尾以上，放养量为每亩放养 20~30 尾。主养吃食性鱼类规格为 200~400 克/尾，每亩放 600~800 尾。主养的品种以草鱼、鲤、斑点叉尾鮰等吃食性鱼类为宜。因匙吻鲟与鳙食性相同，混养池中不应放鳙，以免相互争食影响生长。在养殖肉食性鱼类的塘中，匙吻鲟的规格必须大于肉食性鱼类的捕食规格。

放养前鱼种应进行消毒，常用消毒方法有：

① 1%食盐加 1%小苏打水溶液或 3%食盐水溶液，浸浴 5~8 分钟；

② 20~30 毫克/升聚维酮碘（含有效碘 1%），浸浴 10~20 分钟；

③ 5~10 毫克/升高锰酸钾，浸浴 5~10 分钟。

三者可任选一种使用，同时剔除病鱼、伤残鱼。操作时水温温差应控制在 3℃以内。

3. 日常管理

饲养期间，夏季晴天中午每天开增氧机 3 小时以上，夜间提前开增氧机。

溶氧水平是决定匙吻鲟套养效果的决定性因素，一定要多关注。养殖期间准确记录鱼的摄食、浮头、死鱼情况。饲养结束后全池拉网，分别计数并称取匙吻鲟与主养鱼体重，计算鱼体生长情况。

4. 病害防治

参见第四章内容。

第五节　匙吻鲟的活鱼运输

活鱼运输是养殖生产中的重要环节。从外地购买亲鱼或鱼苗、鱼种运到养殖户，商品鱼以鲜活鱼供应市场等都牵涉到活鱼运输。活鱼运输的要求是在尽量降低运输成本的同时保证鱼健康存活。

一、影响因素

1. 鱼的大小与体质

鱼类从水中吸收氧量的多少以耗氧率来表示（即每小时每克鱼体消耗氧的毫克数）。

① 鱼类耗氧率随体重的增加而相对地降低，也就是小鱼耗氧率高于大鱼。因此，同样容积能装运鱼的总重量，小鱼要比大鱼少。

② 鱼类的耗氧率随着水温的升高而增加。匙吻鲟鱼苗的耗氧率也会随水温的升高而升高，所以在同样的容积中，低水温比高水温所运输的匙吻鲟鱼苗要多，低温季节比高温季节运输匙吻鲟鱼苗的效果要好。

③ 体质健壮的鱼对不良环境的适应能力强，运输的成活率高。在运输过程中，要尽量避免运输体质较弱的匙吻鲟鱼苗和匙吻鲟鱼体表面受伤，如表

皮擦破等，会降低匙吻鲟的抵抗力，降低运输成活率。

2. 溶解氧

水中溶氧不足会使鱼类在运输过程中不能正常呼吸，若严重缺氧，还会造成鱼类窒息死亡，从而影响成活率。一般运输匙吻鲟时，水中溶解氧应保持在5毫克/升以上。

常用的供氧设备有：

（1）压缩氧气瓶

用于数量少的运输。在氧气瓶口装有调压阀，以控制流量，用塑胶管通入容器底部，并在端部装气石，使气泡量多而小，增加水中溶氧面积，达到增氧目的。

（2）充氧机

在运输的水槽底部设置一根塑胶管与充氧机相通，通过塑胶管在运输水体中排出气泡，使水体流动产生气体交换，以增加溶解氧。目前，在船上或汽车上多用小型（93瓦或120瓦）直流、交流空气压缩机作为气源。

3. 温度

鱼类是变温动物，体温随所处水温的变化而变化。各种鱼类都有自身适宜的温度范围，超出这个范围就容易死亡。在鱼类适温范围内，水温越高，鱼类活力越强，对氧气的需求也越大，同时排泄废物也增多，容易污染水质，对运输越不利。因此，降温是提高鱼类运输存活率的一个有效措施。但运输水温不能太低，太低鱼体容易冻伤，甚至冻死。

另外，在运输过程中、运输开始装鱼或运输结束时，要防止温度急剧突变。水温突变，鱼体不能马上调节机能适应此变化，容易患病。夏季气温太高，可在水面上放些碎冰，使其渐渐融化，可降低水温。冬季水温太低，要采取防冻措施。在加冰、换水或加新水时，都要注意水温的变化，一般以温差不超过5℃为宜。

4. 水质

运输用水要求水质清新、含有机质少、符合NY 5051的规定。通常，澄清的河流、湖泊、水库等大水面的水质较好，适宜作为运输用水。养鱼池的水较肥，一般不宜采用。井水一般含氧量较低，应先加到水泥池里放置2~3天或用充气泵增氧后使用。自来水由于水中含有余氯，而余氯对鱼有毒害，不建议作为运输用水。

鱼类在水中呼吸会排出二氧化碳，使水中的二氧化碳增加。如果二氧化碳浓度过高，此时即使水中溶解氧较充裕，鱼类仍不能正常呼吸，会导致窒息死亡。同时，鱼类排出的粪便、污物加上细菌的作用，水中氨氮也在不断积累，而氨氮对鱼是有毒的，超过一定浓度时也会致死。所以运输期间往水中充气，除了增加水中的溶解氧，也能起到排出二氧化碳和氨氮的作用，有助于保持鱼正常的生活环境。

二、运输前的准备和运输器具

1. 运输前的准备

（1）制定运输计划

根据鱼的大小、数量、运输温度和运输时间等确定运输方法，安排好交通工具。商议落实有关运输的各项事宜，尽量避免途中因安排不当而耽误时间的情况发生。

（2）人员配备

运输前必须做好出发地、转运点、目的地等各环节的人员组织安排，且需分工负责，互相配合。

（3）准备好运输器具

根据运输的实际情况准备好运输容器和所有相关工具设备，检查试用，如果有损坏或不足及时修补、添置。

（4）做好鱼体锻炼

在长途运输夏花、鱼种、商品鱼或亲鱼前，应进行拉网锻炼，鱼种、商品鱼和亲鱼还需放在网箱内停食暂养24小时以上，以减少其排泄物（鱼粪），增强其耐运输的能力。

2. 运输器具

目前匙吻鲟常用的运输器具有：塑料袋或橡胶带、活鱼箱等。

（1）塑料袋

塑料袋俗称尼龙袋，用透明聚乙烯薄膜（厚0.1毫米）电烫加工而成，可用于鱼苗、鱼种运输。规格为（70~90）厘米×（40~50）厘米，袋口呈管状，宽8~10厘米，长12~15厘米，袋容积约20升（可装水20千克）。

塑料袋均用于加水充氧密封式活鱼运输。该袋轻便光滑，具有弹性，鱼在里面挣扎、冲撞也不易受伤。缺点是容易破损，故通常只使用一次。装好鱼的塑料袋放入纸板箱并固定好，避免其在箱中滚动。用纸板箱包装还有隔热、遮光、搬运方便等好处。

（2）活鱼箱

活鱼箱是用聚乙烯强化板、钢板或铝板等焊接而成装载活鱼的容器，安装在货运汽车上，适宜运输商品鱼。箱内可配有增氧、制冷降温装置及抽水机等。目前，用活鱼箱作为运输容器时，增氧可采用以下几种方式：①常规气瓶增氧；② 纯氧（压缩氧气瓶）增氧。压缩氧气通过塑料管通入容器底部，在末端装气石散发大量细小气泡。也可用塑料软管呈“S”形铺在活鱼箱底部，每相邻两管距离在 15 厘米左右，管子上每隔 10 厘米用细针扎 1 个小孔，即可散发出像气石那样细小的气泡，而且充氧均匀，使水体达到了很高的溶氧。

三、运输方法

1. 封闭式运输法

封闭式运输法是将鱼和水置于密闭充氧的容器中进行运输。封闭式运输法的运输器具常采用塑料袋和橡胶袋。

（1）封闭式运输法的操作步骤

① 选择完好无损的塑料袋或橡胶袋，向袋内加入不低于袋总容量 2/5，不高于袋总容量 1/2 的水。

② 根据运输时间、温度、鱼体大小等因素，向袋内装入准备运输的鱼，密度要适宜。

③ 向袋内充入氧气，并捆扎好袋口，避免氧气溢出。袋内氧气不必充得过足，以袋表面饱满有弹性度为准。

④ 将装鱼充氧捆扎好的袋，放于专用硬纸箱内（最好每箱一个），打包托运。目前空运鱼苗等均采用这种方法，也可直接放于运输车上并固定好。天气热时也可以在纸箱中放冰袋来降温。

⑤ 作好运输途中的管理，检查是否有漏水溢气情况，长途运输应每三四个小时检查一次。如有应急时采用备用器具进行抢救。

⑥ 到达目的地后，将袋放入待放养的水体内，当袋内水温与放养水体水温一致后（约 15 分钟）再开袋，将鱼放入水中。

（2）封闭式活鱼运输的优缺点

封闭式活鱼运输的优点是：① 运输容器的体积小，重量轻，携带、运输方便，且灵活机动；② 单位水体中运输鱼类的密度大；③ 管理方便，劳动强度低；④鱼在运输途中不易受伤，运输成活率高。

封闭式活鱼运输的缺点是：① 大规模运输成鱼和鱼种较困难；② 运输途中如发现问题（如漏气、漏水）则不易及时抢救；③ 目前绝大多数还采用塑料袋作为运输容器，易破损，故不能反复使用；④ 运输时间一般不超过 30 小时（常温条件下）。

2. 开放式运输法

开放式运输法是鱼和水置于非密封的敞开式容器中进行运输。运输器具常采用活鱼箱和活水船。

（1）开放式运输法的操作步骤

① 在运输器具中加入适量的运输用水并在装鱼前提前半小时充氧。

② 根据运输时间、温度、鱼体大小等因素，向运输器具中装入合理密度的需运输的鱼。

③ 加强运输途中的管理。运输途中应经常检查鱼的活动情况和充氧等装置，避免疏忽大意而导致运输失败。鱼苗、鱼种在长途运输时可适当喂食，以补充鱼体能量消耗，但不宜投喂太多，以免大量排粪污染水质。有条件的可中途补充新水。此外，还应及时清除沉积于容器底部的死鱼等污物。

④ 到达目的地后，将运输器具内的鱼转入要放养的水体中，转移操作要仔细，尽量避免损伤鱼体，并需注意水温差。

（2）开放式运输的优缺点

优点：①简单易行；②可随时检查鱼的活动情况，发现问题可及时抢救；③可采取换水和增氧等措施；④运输成本低，运输量大；⑤运输容器可反复使用。

缺点：①用水量大；②操作较劳累，劳动强度大；③鱼体容易受伤，特别是成鱼和亲鱼；④一般装运密度比封闭式运输低。

匙吻鲟运输水温一般保持在 20℃上下。通常采用汽车装运活鱼箱（图 4.2）或充氧塑料袋的形式，一辆 5 吨载重的汽车只能装约 500 千克匙吻鲟，更远的距离需要空运，成本较高。

图 4.2　活鱼运输车

总体来说，由于匙吻鲟耐低氧能力比较差，无论是鱼苗鱼种还是商品鱼都不耐长途运输，运输时要特别注意溶氧和水温保持在合适的范围内。

第五章
匙吻鲟病害及防治

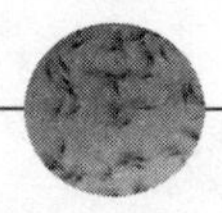

匙吻鲟抗病力强，一般在50克以上很少得病，在苗种培育期间比较典型的病害有气泡病、小瓜虫病等。近年来，由于养殖集约化程度的提高，成鱼阶段养殖病害也有发现。

第一节　病害的预防

要培育出优质大规格的匙吻鲟苗种，以及规格适宜的成鱼，除了提供良好的水质和适口饵料外，对其疾病的预防和治疗至关重要。

（1）彻底清塘

杀灭残留于池塘底泥和表层的病原生物。可采用生石灰干法清塘，即每亩泼洒生石灰100千克，曝晒一周左右时间；灌注新水后，每亩水面再泼洒二氧化氯100克。

（2）严格消毒

在管理期间，经常对工具和所投饲料进行消毒，以杜绝病原生物的侵入。在匙吻鲟完全摄食人工饲料之前，主要摄食浮游动物，须对饵料培育池捞出的“红虫”加入适量的食盐进行浸泡消毒；而对经常使用的生产工具，须用50克/米^{3}高锰酸钾水溶液浸泡。

（3）精心管理

匙吻鲟苗种达到5~6厘米时，长出“牙齿”，如密度过大、饵料不足，易互相咬伤，须及时转入大池培育，降低养殖密度，保证充足的饲料。此时，应保持苗种培育池四周的卫生，做好日常纪录；坚持每天巡塘不少于3次，即早晨、傍晚和夜晚各1次；平时注意鱼的活动情况和天气变化，经常检测溶氧和pH值，发现问题及时采取有效措施。

（4）预防为主

在匙吻鲟苗种培育阶段，须经常采取全池泼洒浓度1克/米^{3}的二氧化氯或双季铵盐碘溶液，以及投喂药饵等杀菌预防措施，并注意调控水质，如防止水体中溶氧过饱和。特别要做到：①养殖过程中做好水质调节，高温季节防止水质过肥；②在晴天中午，开增氧机曝气，加速有机物分解，以减少夜间耗氧；③有条件的还可经常性加注新水，降低池水温度，增加溶氧。

第二节　典型病害及其防治

一、气泡病

1. 症状

绝大多数出现在5~6厘米苗种下池培育后的第一周内，死鱼的吻部及下巴出现许多排列不规则的小气泡（见彩图17），间隙充血，口微张，四周红肿。腹部有些胀，轻挤有黄色黏液流出，但肛门没有红肿现象。发病初期，病鱼在水面作狂乱而无力的游动，随着鱼体内气体的蓄积，不久即在体表皮肤薄弱处逸出、汇聚，在表皮下形成大小不等的气泡，最后病鱼在挣扎中死亡。捞取病鱼，可见口腔、头部、尾鳍甚至吻部布满大大小小的气泡，气泡密集处组织充血肿胀。解剖肉眼可见鳃丝间黏液增加，附着有许多小气泡，肠内有气泡和黄色黏液，心脏及大的血管内也常常可见气泡，气泡栓塞心脏和血管致鱼迅速死亡。

生产中发现，气泡病还会危害一些较大的个体，如750~1 000克/尾的鱼也偶见发病。气泡病发生时往往造成重大损失，死亡率可达90%以上。部分病鱼虽未死亡，但身体机能受损，生长速度减缓，有的甚至失去养成价值。在相同情况下，匙吻鲟是无鳞鱼，较其他养殖鱼类易患气泡病，危害也大得多，气泡病是导致匙吻鲟苗种死亡的最主要病害之一。

一般情况下，匙吻鲟苗种气泡病均是由于水体中溶氧过饱和所致。池水较肥时，特别是藻相良好时，浮游植物在强日照下，光合作用旺盛，释放大量氧气于水中，水体极易达到溶氧过饱和状态。当水体中溶氧达过饱和时，易释放形成大量氧气微气泡和小气泡。匙吻鲟苗种有滤食浮游动物的习性，易将这些微小气泡直接滤食而进入胃肠道，过饱和的溶氧也可通过鳃、皮肤向血液扩散，逐步在体内释放，形成微小的气泡，进一步形成较大的气泡，进而栓塞心脏和血管致使鱼死亡。

2. *治疗*

气泡病发生后，可采用以下方法治疗：①放去一半的原池水，大量冲注清水，降低水温，可有效缓解病情。②开增氧机曝气，加快水体中氧气逸出，消除溶氧过饱和。③全池泼洒食盐水，每亩食盐用量2.5~5千克，调节渗透压，使鱼体内气泡逐步逸出，缓解病情。④捞取病鱼，转入清水中暂养，以低速流水池暂养最佳，病情轻的鱼能恢复正常。也可转移至室内阴凉处，将其进行长时间的食盐水（浓度为2克/米^3）浸泡。⑤隔日（第二天）再全池泼洒二氧化氯，浓度 0.3 克/米^3，以预防继发性细菌感染。

二、车轮虫、斜管虫和小瓜虫等感染

1. 症状

由于匙吻鲟体表无鳞，如遇到气温变化幅度大，在池内培育池及小规模水泥池内培育时，极易感染寄生虫。车轮虫、斜管虫等寄生一般会引起匙吻鲟分泌大量黏液，有时微带污泥，或者是嘴、头以及鳍条末端腐烂，但鳍条基部一般不充血。小瓜虫主要症状为发病初期，鱼苗游泳速度减缓，活力降低，反应迟钝，摄食明显减少；病鱼感染严重时，鳃丝和体表有许多白色小点状的脓泡（见彩图 18），黏液分泌增多，吃食停滞，鱼体消瘦，体色发白。

根据寄生部位和所引起的症状不同，有的凭肉眼即可作出较为准确的诊断。也可对鱼体的检查，主要检查体表、鳃、内脏三部分。

2. 治疗

对于车轮虫和斜管虫，可采用浓度为 2 克/米^3 的高锰酸钾溶液全池泼洒，连续进行 3 天；而小瓜虫，除了做好预防措施外，鱼得病后应迅速采取治疗措施，一般可采用浓度 20 毫升/米^3 的福尔马林溶液浸浴治疗，或提高苗种池水温至 25℃以上，或发病情况严重时，可以下塘培育，具有较好的效果。由于匙吻鲟对重金属盐类药物比较敏感，因此苗种培育阶段，禁用硫酸铜等常规杀虫药。

三、锚头鳋和鱼鲺等感染

1. 症状

①锚头鳋病。患病匙吻鲟出现烦躁不安，经常跃出水面的现象，会出

现少量死亡，死亡个体瘦小且口腔、身体、鳍部等身体大部分出现体表组织充血发炎，形成水泡状肿胀，水泡中间肉眼可观察到似针状虫体。

②鱼鲺病。鱼鲺的外形很像小臭虫，大概有2~3毫米，肉眼可见，患病匙吻鲟会出现烦躁不安及个体消瘦等症状。

2. 治疗

锚头鳋病和鱼鲺病可用同种药物治疗，用阿维菌素、氯氰菊酯、溴氰菊酯、氰戊菊酯和曼尼期间精素等药物均有很好的治疗效果，但不宜重复使用同种药物，以免产生耐药性。药物使用时，一般于晴天上午全池泼洒，之后开启增氧机2小时，充分搅拌水体，曝气增氧。7天后，重复使用一次，方法同上。

四、细菌性肠炎

1. 症状

病情严重时，腹部膨大，两侧常有红斑，明显“蛀鳍”；肛门红肿突出呈紫红色，轻压腹部有黄色黏液和脓血流出；剖开腹部，可见腹腔积水，肠壁充血发炎，肠管呈红色或紫红色，肠内无食，有黄色黏液；肝脏呈花肝状，胆囊肿大；鳃丝只发现被污物黏附。

2. 治疗

在饲料中拌入三黄粉（每100千克饲料用量为200克）、诺氟沙星（每100千克饲料用量为40克）或氟苯尼考（每100千克饲料用量为40克）等药物，全池泼洒2克/米^{3}的双季铵盐碘溶液或者泼洒2克/米^{3}二氧化氯，同时进行上述措施，可达到良好的治疗效果。

五、细菌性败血症

1. 症状

多发于冬季和早春，病鱼游动缓慢，活力下降，游动时头部略高于尾部，尾鳍充血发红，停止摄食。体表症状主要表现为尾鳍充血发红，解剖见肝脏充血，胃肠中无食物，其他脏器未见明显异常。病原菌为嗜水气单胞菌。鲃吻鲟在冬季活力低、摄食差，因而抵抗力和免疫力下降。加之春季气温忽高忽低，被嗜水气单胞菌感染导致细菌性败血症发生。

2. 治疗

采用氟苯尼考注射液胸腔注射，每千克体质量注射 20 毫克，2~3 天注射一次，连续注射 5 次，同时在病鱼的尾鳍病灶处涂抹红霉素软膏和云南白药混合物。经一个疗程的治疗，病鱼尾鳍的颜色恢复正常，游动正常，活力明显增强。

六、营养缺乏引起的疾病

1. 症状

主要出现在驯食阶段，少数鲃吻鲟苗种由于未摄食到人工饵料，个体偏小，瘦弱无力，游动缓慢；解剖后发现胃内无食物，肠道半透明，肠内充满浅黄色液体，但危害不大。

2. 治疗

主要通过加强日常管理的办法予以控制。具体做到合理放养，适时注水，提供足够的饵料等即可避免发病。如果发现一直未能养成摄食习惯的瘦弱鱼，要及时捞出，单独培养。

七、敌害生物侵袭

1. 水生藻类

匙吻鲟苗种池内水体透明度大，丝状藻类大量生长，由于其幼鱼游泳能力较弱，易被其缠死。可在匙吻鲟鱼苗放养前或鱼苗已达 20~30 日龄后使用清苔剂进行控制。

2. 鸟类如白鹭

匙吻鲟苗种主要生活在水体的中上层，特别在找寻食物时，绝大多数在水体表面游动，易被鸟类捕食，可加盖防鸟网于鱼种培育池。

八、缺氧

匙吻鲟对溶氧要求偏高，一般要求 5 毫克/升以上。池塘养殖过程中需要随时关注溶氧情况，并要配备增氧设备，保证每亩配备 1 千瓦以上。养殖密度较大时，要多开勤开增氧机。

第六章
实例讲解

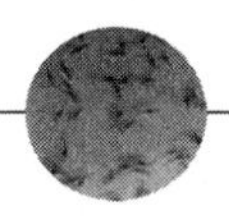

本章精选了全国各地匙吻鲟苗种培育和成鱼饲养的 12 个成功实例进行讲解，部分为报纸杂志上发表的实例，部分为笔者总结生产实际情况撰写，均具有较高的指导实际生产的价值，方便养殖户朋友对照参考和学习。

第一节　匙吻鲟苗种培育

一、实例一：安康地区利用家鱼产卵池培育匙吻鲟苗种

西北农林科技大学安康水产试验示范站于 2008 年 5 月 1 日从湖北引进 5 000 尾匙吻鲟幼鱼，体长 3. 39 厘米，放养在面积 78 平方米，池深 1. 55 米的家鱼产卵池，养殖密度为 42 756 尾/亩，进行为期 25 天的苗种培育，池顶加有遮阳篷布，培育用水为经蓄水池静置的水库水。

1. 日常管理

（1）投饲

饵料池面积为2.85亩，在苗种下池前15天对饵料池清塘消毒，1周左右选用经发酵成熟的畜禽肥作为有机底肥，500~750千克/亩一次性施放，后期随着肥力的消减逐渐翻动底肥，并每隔1周追加发酵鸡粪300千克/公顷。

鱼苗入池后第2天开始投喂活饵。苗种培育过程中，白天向池中投喂浮游动物两次，共约3~4千克/天。在鱼苗长到5.0厘米左右时，每天投喂少量蛋白含量42%~44%，粒径1.5~2.2毫米的生鱼商品配合饲料进行驯食。

（2）水质管理

培育用水在加入池中前经过蓄水池静置，并保持水体流动。每天采取虹吸的方法用水管进行清污。

（3）病害防治

匙吻鲟苗种阶段预防为主，每5天一次用亚氯酸钠（剂量：池深1米/亩用A型300克，B型200克；消毒剂量减半），进行预防性消毒。

（4）生长测量

培育期间每2天随机捕取40尾进行鱼苗全长测量，15天后开始鱼体重测量。

2. 结果分析

（1）生长情况

经过25天培育，2008年5月25日共培育出匙吻鲟苗种3 500尾，成活率70%，平均全长13.53厘米，平均日增长0.423厘米，体重从培育的第15天开始测定，由3.07克增重到9.45克，平均日增重0.638克。其生长速度已达到了美国本土的水平，表明在没有专门化培育设施条件下，采用家鱼人工繁育设施进行匙吻鲟苗种培育是完全可行的。

（2）苗种质量

本次试验收获的匙吻鲟苗种体型匀称，颜色鲜亮，活动迅速，畸形少。

（3）效益分析

匙吻鲟鱼苗总培育出 3 500 尾，以市场价每尾 10 元计，总收入可达 35 000 元。累计支出为 24 400 元，可盈利 10 600 元。

3. 注意事项

①运输时匙吻鲟苗种的装运密度和运输时间，要做到能有应付意外风险的能力。

②做到每天清污一次，并清除死苗，营造良好的水体环境。人工培育时应注意选择合适的遮阳方式和适宜的光照时间，以创造适宜匙吻鲟苗种生长环境条件。

③培育过程中一定要保证有充足的饵料供应。匙吻鲟生长到 5~6 厘米时，如果饲养的密度过高或饵料不足极易引起相残现象，并要做到适时筛分，确保适宜的养殖密度加以充足的饵料。

④培育过程中应做好水质控制与防病工作。匙吻鲟苗种培育较易出现小瓜虫、车轮虫等寄生虫病，必须重视防重于治的原则。

二、实例二：安康汉水兄弟苗种培育模式

安康市汉水兄弟水产有限责任公司于 2015 年自湖北引进了 20.6 万尾卵黄苗（孵化 2 天的幼苗，还带有卵黄），在安康市汉滨区大同镇苗种基地，采用专池施肥培养饵料生物的方法，培养大量水蚤（枝角类）供匙吻鲟摄食，匙吻鲟从卵黄苗到全长 12 厘米以上的苗种 18.5 万尾，成活率达 90%，取得了苗种培育阶段的成功。苗种池和饵料培育池采用 1∶2 的面积配比。首先在土池中堆积粪肥（鸡粪、猪粪等），加水加生石灰发酵，取上层清液使用于饵料培育池，

阳光不足的阴雨天可使用生物化肥或尿素化开泼洒。饵料培育池水深约 70 厘米，在池塘一边用水车式增氧机搅水，水蚤会随水流聚集并流向另一边，另一边两人用水花网兜收集水蚤，投喂给苗种池的匙吻鲟，省时省力效果好。

苗种培育池面积为1 500~3 000 平方米左右的土池适宜，提前5 天施肥培养浮游生物。下塘后开始驯食，驯食 2~5 天完全投饲料，相比搭配部分水蚤，效果更好。匙吻鲟苗种在室内池培养到60%~70%达到全长 6 厘米规格即可下塘。

刚开始投喂时，使用 0.8 毫米粒径的膨化饲料，随着生长逐步变为粒径 1.1 毫米、1.7 毫米、2.0 毫米等大小规格的饲料，每天 5:30 和 18:00 各投喂 1 次，投喂时间约 1 小时，80%以上鱼苗吃饱即可。下塘后 18 天左右用一次底质改良剂，中间使用 EM 菌等微生态制剂 1~2 次，保证水质符合匙吻鲟苗种的要求。

进苗后培育 30 天左右，养成全长 12 厘米的苗种，主要销往安康本地；培育 40 天左右，养成全长 17~18 厘米的大规格苗种，主要销往宝鸡、靖边、山西等较远地区，经过十几个小时的运输，成活率依然在 90%以上。

三、实例三：宜昌三江苗种培育模式

湖北宜昌三江渔业有限公司在匙吻鲟的苗种培育方面积极探索，完善了相关技术环节，建立了规模化苗种培育基地。现以其 2010 年匙吻鲟苗种培育情况作为典型案例讲解如下。

1. 第一阶段：鱼苗培育

鱼苗培育在室内水槽中进行，水槽共 62 口，每口面积 8.4 平方米，总面积 520.8 平方米。鱼苗放养前用高锰酸钾对水槽进行浸泡消毒处理。养殖用水经过水槽上方的蓄水池，进水口用密眼筛绢布过滤，通过 PVC 管上的小孔喷射入池，流量 0.5 立方米/小时，水槽水深控制在 0.5 米左右。按每万尾鱼苗配套饵料培育池 0.067 公顷，鱼苗放养前 10～15 天，按一定时间间隔分批进水发塘，在饵料培养池中使用畜禽粪、青草等有机肥作底肥，用量控制在 3 000 千克/公顷左右，后期随肥力的减退逐次翻动底肥或追加粪肥调节肥力，以培养足够数量的饵料生物。

4 月 14 日放养能平游的卵黄囊鱼苗，放养密度 800～1 000 尾/米^2，水温 17℃左右。

匙吻鲟鱼苗的开口饵料为小型枝角类，鱼苗入池 5 天后即少量投喂。用 80 目的密网在饵料培育池中捞取饵料生物，再用 60 目网过滤投喂。随鱼苗个体的长大，可用 40 目网过滤投喂。为满足其生长需要，保持水槽中枝角类密度不少于 100 个/升。通过堆肥、适时施肥，强化饵料生物培育，保障活饵的及时、充足、持续供应。

鱼苗培育期的管理主要包括控制好入池水量，保证水温相对稳定和溶氧充足，及时清除水槽底部的残饵、死苗等污染物，保障饵料的适口性和及时供给，并根据天气变化情况适当增减饵料投喂量。

经 15 天的鱼苗培育，获得 4 厘米左右的鱼种 47.12 万尾，成活率 95%。

鱼苗培育期间，创造适宜其存活和生长的条件，如水温、光照、溶氧、流速等，适时投喂适口饵料生物，是提高鱼苗规模化培育存活率的关键。强光使匙吻鲟鱼苗活动加强、体能消耗大，且影响摄食；均匀的弱光可使鱼苗处在安静状态，不均匀的弱光可起诱食作用，增加其获得饵料的几率。因此，应控制室内光照强弱以满足鱼苗的生理需求，进而提高成活率。还可通过 PVC 管上的小孔喷水入池，保证池水溶氧在 5 毫克/升以上。

2. 第二阶段：鱼种培育

鱼种培育在水库坝下池塘进行。池塘共 16 口，面积 0.06～0.12 公顷，总面积 1.35 公顷。水源为水库表层水，水质较好，利用阀门控制进水流量，排水口位于池中央底部，通过池外的排水管高度控制池水水位，通常情况下保持水深 1.2 米。鱼种放养前用生石灰消毒，用量 2 250 千克/公顷。

鱼种放养时间为 4 月 30 日和 5 月 1 日，放养密度为 30 万~40 万尾/公顷。鱼种放养后，用粒径 0.8 毫米、粗蛋白 42%的浮性微囊饲料及时驯食，转食后按鱼种体重的 3%~5%投喂浮性鲟鱼饲料。

日常管理通过阀门控制注排水改善池塘水质，池水每 7~10 天交换 1 次，并用密眼筛绢布过滤，以防有害生物进入池塘。每天早晚巡塘观察水质及鱼种的摄食、活动情况，测量水温、溶氧等常规参数。午间开启增氧机，增加池水溶氧，满足鲃吻鲟存活和快速生长的需要。

经 30 天的鱼种培育，获 10~12 厘米鱼种 40.47 万尾，平均尾重 9.43 克，成活率 85.9%。

适时将不同规格的鱼种分开培育，合理控制养殖密度，及时驯食人工饲料以补充饵料生物的不足，保障饵料的供给，减少鱼种之间“咬尾”现象的发生，加强水质调控管理，是提高鱼种培育成活率和生长速度的关键。

整个苗种培育期间，鲃吻鲟生长迅速，日增长 1.82 毫米，40 日龄后每 3 天可增加 1 厘米。期间容易发生小瓜虫病，主要通过改善水质、定期泼洒福尔马林等措施进行控制。

第二节　鲃吻鲟水库网箱养殖

一、实例一：安康喜河水库不投饵养殖模式

陕西省安康市石泉县喜河水库 2013 年养殖鲃吻鲟 10 箱，面积 250 平方米，网箱距岸边 15 米，网箱规格为 5 米×5 米×3.5 米，利用灯光诱饵技术，网箱上架设照明灯，用来诱集浮游生物。网箱提前半个月下水，使网衣上附

着藻类。6月初放苗2 000余尾，平均规格50克。

日常管理：每天不间断观察，每周用水枪冲洗网衣一次，保证箱内外水体对流畅通，检查网箱是否破损，防止灾害。鱼病防治方面坚持预防为主，定期用氯制剂进行水体消毒，期间没有病害发生。

喜河水库主要功能为防洪、发电、灌溉，兼顾养殖，2013年7—8月因网箱临近主河道，洪水较大，浑水期较长，加上浪渣进入网箱，匙吻鲟大量死亡。但部分个体较大存活下来的匙吻鲟长势较好，到2013年12月，单个个体平均达到900克。

2013年12月再次引进大规格苗种2 000余尾，在2014年汛期养殖户将网箱拖到库湾躲避浑水，匙吻鲟安全度汛，全部成活。

两年养殖情况对比表明，在河流汛期及时将匙吻鲟网箱转移到安全水域，规避洪流和浑水，实行错汛养殖，是保证大水面网箱养殖成功的关键技术之一。

二、实例二：安康瀛湖水库网箱不投饵养殖模式

陕西省安康水库库区养殖户王从军，2015年6月放养匙吻鲟10 000尾，平均规格15~20厘米，网箱规格是30米×30米，网眼直径1厘米。投放较大规格的苗种（15厘米以上），是因为其体质好，抗应激能力强，同时水温在22℃以上时进箱减少了应激，当体重达到250克以上后，匙吻鲟便不易得病，保证了后期的成活率和生长速度。

养殖中不投喂饲料，采用灯光诱饵技术，挂设诱饵灯诱集水中浮游动物的方法，每天20:00到次日6:00开灯，不定期清洗网箱，养至8月匙吻鲟规格已达600克，成活9 130尾，成活率90%以上。

王从军网箱养殖基地见彩图19。

三、实例三：安康瀛湖库区鲃吻鮰网箱生态养殖关键技术

瀛湖库区是安康地区网箱养殖鲃吻鮰的主要区域（见彩图 20）。安康市汉滨区金螺生态养殖渔业农民专业合作社采用安康瀛湖库区鲃吻鮰网箱生态养殖关键技术，2011 年利用 3 口鱼种网箱和一口成鱼网箱，共 1 008 平方米的养殖水面，于当年 5 月底放养了 4 000 尾鲃吻鮰鱼种，2012 年 5 月养成了 2.5 吨的鲃吻鮰成鱼，平均 0.75 千克/尾，纯利润 13.3 万元。2012 年 5 月至 2013 年 5 月，采用同样的养殖设施和养殖密度养成了 2.4 吨的鲃吻鮰成鱼，平均 0.75 千克/尾，纯利润 12.6 万元。该技术要点可概括为：

1. 科学设置养鱼网箱

网箱规格根据养殖阶段不同有所差异，鱼种网箱规格为 6 米×6 米×3 米，网目 1 厘米，用于 10~30 厘米的鲃吻鮰养殖，加盖网目为 2~3 厘米的盖网。每口网箱上设置一盏距离水面 30~50 厘米左右的 18 瓦节能灯。成鱼网箱规格 30 米×30 米×6 米，网目 4 厘米，养殖全长为 30 厘米以上的大规格鲃吻鮰，可不用盖网。在网箱中部上空等距设置 3 盏节能灯。网箱一般设置于水面宽阔，水流平缓，背风向阳的库湾库汊中，距离岸边 50~200 米，用绳索和桩子固定在岸上。每口成鱼网箱配备 3 口鱼种网箱。

2. 合理进行鱼种放养

放养时间一般为 5 月中下旬至 6 月初。放养时用 30~40 克/升的食盐水对鱼种进行 10~15 分钟消毒。鲃吻鮰进箱规格以 10 厘米以上为宜，推荐 12~15 厘米规格鱼苗。放养密度一般为 2 000~2 500 尾/箱，待其长到 30 厘米以上后，转移到成鱼网箱中进行成鱼阶段养殖，放养密度为 3 000~5 000 尾/箱。同时，可在每口成鱼网箱中分别套养 1 000 尾 100~150 克鲤和大致相同规格

的鳜。

3. 精做细管，营造良好的生长环境

鱼种培育期间补充鱼糜，用灯光诱集生物饵料，定期清洗网箱，保证水流畅通，做好防逃、防病、防暑工作。

4. 生长与效益

一般情况下，每亩的养殖面积需投入网箱成本 1. 19 万元，苗种 1. 39 万元，其他费用（电费、人工费等）0. 2 万元，总投入成本 2. 6 万元。经一年养殖可获商品鱼 1. 65 吨，根据市场价格 70 元/千克计算可收入 11. 55 万元，可得纯利润 8. 95 万元。同时每口成鱼网箱翌年可以出售尾重 0. 25~0. 4 千克的鳜 112. 5 千克，其收益为 1. 8 万元左右，相当于一个成鱼网箱和三个鱼种网箱的成本。

5. 生态富硒瀛湖鮰鲟

瀛湖位于陕西省安康市境内，面积 11 万余亩，位于安康富硒资源核心地带，水资源天然富硒。2017 年 11 月，经西北农林科技大学抽样检测鮰鲟成鱼富硒含量，发现肌肉中硒含量高达 0. 33 毫克/千克，远远高于陕西省富硒食品 0. 08 的标准，成为天然生态富硒瀛湖鮰鲟。

四、实例四：南平市延平区不投饵养殖模式

福建省南平市延平区在水口电站库区开展了水库网箱生态养殖鮰鲟试验，取得了较好经济效益。

库区水面宽阔，水域周边植被良好，光照充足，水质清新，无污染。水域表层溶解氧 6~9 毫克/升，养殖期间水域表层水温在 16~29℃，水体透明

度在 40~60 厘米，pH 值 6. 8~8. 5。且水域水体呈微流水状态，水体交换条件好，浮游动物丰富。

选用聚乙烯双层网箱，内层网箱为无结节网片制作而成，网目尺寸为 1. 1 厘米，外层网箱为有结节网片制作而成，网片结节为双死结，网目尺寸为 3 厘米，网箱采用双层六面体封闭式结构，规格 4 米×6 米×3 米。

每排网箱用尼龙绳相连，箱与箱间距为 6 米，排与排之间间隔 20 米。鱼种入箱前 15 天网箱下水，浸除网衣中的有毒物质，同时使网衣上附着一定的藻类后投放鱼种，以免鱼种进箱后擦伤，提高成活率。在鱼种入箱前一天再次对网箱进行一次全面检查，并查看网箱四周的固定绳是否拴牢，网衣有无破损。

在每只网箱中间的水面上架设一只 10 瓦的防水节能灯，每天（雨天除外）天黑开灯，天亮关灯。根据浮游生物及飞虫趋光性的生物特性，网箱中间的灯光一亮，不仅网箱周围水域中的浮游生物很快进入网箱，而且飞虫也会从四面八方飞到电灯周围，并跌落到网箱里面，供网箱中的鮎吻鲟摄食。

主要放养鮎吻鲟鱼种，为了减少藻类附着网箱，套养少量刮食性鱼类——武昌鱼，以免因藻类附着太多堵住网眼，影响水体交换。放养规格为 20 克/尾的体质健壮、规格整齐的鮎吻鲟鱼种，每箱放养 260 尾。同时每个网箱套养 100 克/尾的武昌鱼 50 尾。

在鱼种入网箱前，用 3%的食盐水对鱼种浸洗消毒，杀灭鱼体表皮各类病原菌，然后将鱼种缓慢倒入网箱中，并且尽量减少因温差而引起的应激反应。

日常管理中经常巡箱，洪水季节要及时清除箱外杂物，防止因洪水冲毁网箱。及时检查灯泡离水面的距离，不能让灯泡浸到水里，以防灯泡破裂及电路短路造成生产安全事故。洪水期和枯水期要及时调整岸上绳子的长度，防止网箱因绳子拉得太紧而悬空或因绳子太松至网箱大幅度摆动。

一般 15~20 天清洗一次网箱，在洪水季节，若库水混浊，应适当增加清洗次数，防止附着物阻塞网目，并及时捞取网箱内的死鱼。搭配放养的武昌鱼也减少了洗箱的劳动量。

水库网箱不投饵养殖技术关键：①要根据养殖水域浮游生物丰欠程度来确定合适的养殖密度，密度过小浪费网箱，密度过大不利于鱼类生长，达不到预期规格；②放养规格要依据预期出箱上市规格而定；③灯光诱饵技术来辅助匙吻鲟获得食物，成本低，操作管理方便、效益高，是提高匙吻鲟产量的良好途径。

五、实例五：安康市汉滨区洪山镇投饵养殖模式

陕西省安康市汉滨区洪山镇太吉村养殖户蒋思军，2015 年 5 月初在网箱中投放 5 000 尾匙吻鲟，苗种规格 12 厘米，放养密度 42 尾/米^2，进箱前使用碘制剂浸泡消毒。采用投饵+灯光诱饵的方法，每天早 7:00 和晚 19:00 各投喂一次专用膨化饲料，每次投饵量占体重的 1.5%，网箱上方挂设诱虫灯诱集飞虫和周围浮游动物，匙吻鲟生长较快，预计到 10 月底有 60%以上的达到 0.75 千克左右的商品规格，可销售产量达 2 500 千克。蒋思军网箱养殖基地见彩图 21。

第三节　匙吻鲟池塘养殖

一、实例一：河南省西峡县匙吻鲟主养模式

河南省西峡县从湖北省仙桃市引进匙吻鲟苗种进行池塘养殖，经过多年的技术探索和实践，每亩产量突破 500 千克。现将匙吻鲟池塘主养高产技术总结如下：

1. 严格清塘除杂

(1) 池塘选择

养殖匙吻鲟的池塘选择水源、电力充足，进排水方便，保肥保水的水泥池、土池均可。匙吻鲟苗种培育池以 1~3 亩，池深 1.5~2 米为宜；成鱼养殖池以 3~5 亩，池深 2.5~3 米为宜。

(2) 捞除杂物

匙吻鲟性情温驯，具有长吻，游动不太灵活，因此放鱼前应清除池中容易缠绕堵卡匙吻鲟的树枝、网片、编织袋、水草等异物，尤其在匙吻鲟苗种刚入池阶段更应注意，若出现青苔等应及时捞出或泼药杀除。

(3) 清塘消毒

匙吻鲟主要以浮游生物为食，池中蝌蚪、田螺、野杂鱼等都会同其争食，鲶鱼、乌鳢等凶猛鱼类会直接吞食匙吻鲟苗种，必须严格清塘除杂。除用化学药物消毒外，还可通过冻池、晒池等物理方法以及在池中套养鳜、鲤等生物方法除杂。另外，平时冲水时也应在进水口安装筛网，防止野杂鱼进入，巡塘发现蛙卵应及时捞出，这都是减少饵料浪费、降低成本的有效措施。在投放鱼苗前 10 天用生石灰清塘，用量 75~100 千克/亩，杀死野杂鱼、田螺、蝌蚪等与匙吻鲟争食的生物和鲶鱼、乌鳢等凶猛鱼类，以及消灭病菌。

2. 尽早投放鱼种

当水温达到 15℃左右，应尽早安排投苗，因气温较低，可以减少苗种运输中的死亡率。此外，气温低能够延长生长时间，提高出池规格和产量。

(1) 水质培肥

消毒后 2~3 天，即应施入基肥，通常为人粪尿、鸡粪、猪粪等，用量 500 千克/亩左右，进行水质培育，以在鱼苗入池时红虫达到高峰期为最好。但应注意施基肥时不应太多，严防鱼苗入池后即出现缺氧浮头。

当试水表明池塘药物毒性彻底消失，水质转肥后即可进行苗种投放。

（2）苗种选择

匙吻鲟因其在 5 厘米以前，吻没有长出，口四周布满牙齿，常以逐个吞下的方式摄食，苗种相互碰撞也会误以为是食物而相互咬尾吞食。因此，引进的匙吻鲟苗种至少选择吻完全长出 6 厘米以上规格的苗种，游动活泼、规格整齐、无伤无病的苗种为最佳。

（3）苗种入池

苗种运回后，不要立即放入池中，应先将氧气袋平放入池水中，适温 1 小时，待袋内水温和池水水温温差一致时方可开袋，用 2%的食盐消毒 3 分钟后再放入池中，放苗时尽量选择在上风口为宜。

3. 强化鱼种培育

由于 6~10 厘米的苗种摄食能力相对较弱，逃敌能力较差，直接投放较大水域成活率较低，因此应以专池进行强化培育成 20~30 厘米时再分池放养较好。不仅节省池塘、人力，也可提高成活率，缩短养殖周期，降低成本。苗种强化培育阶段，主要以培肥水质为主，根据池塘水质情况适时追肥，定期冲注新水，使池水达到“肥”“活”“嫩”“爽”。从经验看，在苗种刚入池后的 5~7 天，每天泼洒黄豆浆 3~4 千克/亩，不仅能肥水，同时也能直接被鱼苗摄食，起到投饵的目的，有利于塘内浮游动物的繁殖和鱼种的生长，提高苗种培育成活率。通常经过 30 天左右的强化培育，即可培育成 20~30 厘米的大规格鱼种，应进行分池养殖。

4. 科学调节水质

养殖匙吻鲟的水质，应达到“肥”“活”“嫩”“爽”，以池水透明度始终保持在30~35厘米，水色呈嫩绿、黄褐色为最好。

（1）合理施肥

匙吻鲟以浮游生物为主要食物，水质培育至关重要，定期追肥是保证池水长期肥力的重要措施。培育水质追肥时，应坚持勤施、少施原则。以施发酵过的人粪尿、鸡猪粪为佳，尽量避免施牛、羊粪，未经发酵的有机肥严禁直接投放入池。一般每星期追施50~100千克有机肥或4~6千克尿素，在7—9月高温季节，应避免使用有机肥，改用无机肥，无机肥以尿素为佳，最好不要施碳酸氢氨或氨水，防止氨中毒。

（2）定期冲水

在4—6月每7~10天冲水一次；在7—9月高温季节，最好天天补充部分新水，既可改良水质，又能起到增氧降温作用；进入10月水温渐降，应加深水位至2米左右。

（3）生物调节

当水体中出现水华时，可投放500克/条规格的白鲢20尾/亩左右，一般7天左右即可消去水华，也不影响匙吻鲟生长。

（4）药物调节

当水体过肥，透明度低于30厘米时，应立即泼洒50毫克/升的生石灰溶液进行调节。

5. 补投人工饲料

主养匙吻鲟成鱼的池塘，水中天然饵料不能满足匙吻鲟的生长需要，必须补充投喂人工配合饲料，一般投喂蛋白质含量30%以上的浮性饲料，即可满足其生长需要。投饵应遵循“四定”投饵原则，根据鱼吃食、天气情况灵活掌握，每天上午8:00—9:00，下午15:00—16:00各投饵一次，上午占日投饵量的30%，傍晚占日投饵量的70%。初期日投饵量3%~4%，后期2%左右。

6. 抓好四防管理

（1）防浮头

匙吻鲟对低氧敏感，窒息点高，池水溶氧低于4毫克/升就会浮头，溶氧低于3毫克/升就会引起死亡，且其浮头时症状不明显，不易观察，若等到其完全浮在水面时，再抢救就来不及了。因此，在养殖过程中应密切注意天气变化，最好每天清晨或傍晚测定水中的溶氧量，当水中溶氧低于4毫克/升发现鱼有浮头前兆时，必须立即冲注新水或开增氧机，以增加水中的溶氧量，避免出现其浮头后再抢救。尤其在久晴转雨或久雨转晴，天气突变以及天闷无风的高温低气压的夏季极易出现这种情况，水质过肥，透明度低于30厘米的池水中有机物含量过多，消耗大量氧气，在清晨和傍晚，池水容易发生缺氧，应特别注意，及时进行冲水和开增氧机增氧，越冬期间也应防止浮头。可以说能否做好防浮头工作，决定着匙吻鲟能否养殖成功。

（2）防鱼病

匙吻鲟养殖过程中，遵循“预防为主、防重于治”的方针，每半个月泼洒一次30毫克/升生石灰或1毫克/升漂白粉，两者相间进行，慎用硫酸铜药物。发现鱼病准确诊断，对症下药，及时治疗。

（3）防偷盗

由于匙吻鲟夜间喜在水表面摄食活动，且性情温顺，活动缓慢，极易被捕捞偷盗，因此应在夜间加强巡池，防止被盗。

（4）防逃跑

在汛期应注意控制池塘水位，防止水位过高，溢水跑鱼，造成不必要的损失。

二、实例二：西安市未央区匙吻鲟套养模式

西安市水产工作站，于2013年在其未央区养殖基地进行了匙吻鲟套养生

产，池塘面积8亩，平均水深1.50米，排灌方便。

池塘主养鱼为中华倒刺鲃，规格为620克/尾，密度为每亩473尾。套养的鮰吻鮈鱼种规格为620克/尾，密度为175尾/亩；鮈苗放养规格为10.5克/尾，密度为577尾/亩。

放养前对苗种进行消毒，常用消毒方法有：

① 1%食盐加1%小苏打水溶液或3%食盐水溶液，浸浴5~8分钟；

② 20~30毫克/升聚维酮碘（含有效碘1%），浸浴10~20分钟；

③ 5~10毫克/升高锰酸钾，浸浴5~10分钟。

三者可任选一种使用，同时剔除伤残鱼。操作时水温温差应控制在30℃以内。

养殖期间夏季每天开增氧机增氧6小时，保证鮰吻鮈的溶氧需求。每日巡塘，记录鱼的摄食情况，是否有鱼浮头，是否有病鱼死鱼。

以投饲中华倒刺鲃适用的商品配合饲料为主，配合饲料符合NY 5072和SC/T 1026的规定，鮰吻鮈不需额外投喂饲料。投饲量的多少应根据季节、天气、水质和鱼的摄食强度进行调整。鱼种配合饲料的日投饲量一般为鱼体重的3%~6%，食用鱼配合饲料的日投饲量一般为鱼体重的1%~3%。日投饲次数2~4次，每次投饲持续时间20~40分钟。

病害预防坚持“预防为主、防治结合”的原则。生产工具使用前或使用后进行消毒或暴晒；间隔10~15天交替使用含氯制剂或生石灰液泼洒养殖水体，用量按NY 5071的规定执行。

经过6个月的饲养，鮰吻鮈亩产达276千克，主养的中华倒刺鲃亩产达619.2千克。

三、实例三：铜仁市万山区鮰吻鮈套养模式

贵州省铜仁市万山区2014年5月在河蟹及淡水龙虾养殖池塘进行了鮰吻

鲟的套养生产，掌握了一套大闸蟹、澳洲淡水龙虾与匙吻鲟的套养技术，充分利用了池塘资源，增加了经济收入。现将该典型案例介绍如下：

1. 前期准备工作

2014 年 3 月在高楼坪乡大闸蟹养殖基地，选择进、排水方便，水质良好，并配备增氧机的池塘，开始苗种投放前的准备工作。先将鱼苗培育池加注池水 10~20 厘米，用生石灰清塘消毒，每亩用生石灰 120 千克化浆全池泼洒，经 3~5 天后将池水放干注入新水，池水保持 80~100 厘米，施经发酵后的农家肥 80 千克和有机肥 5 千克进行肥水。因匙吻鲟栖息于水体中上层，特别是鱼苗培养阶段必须对池塘进行防鸟设施的安装，采用聚乙烯线在池塘上方按 40~50 厘米的间距进行铺设安装。

2. 鱼种投放及培育

2014 年 4 月初，从湖南省岳阳县引进了匙吻鲟鱼苗 5 000 尾，规格为 8~12 厘米，此时鱼苗的适应性较强，适应的水温为 2~37℃，最适的水温为 22~30℃，投放前先进行水温调节，温差不能超过 2℃，再用浓度为 2%的食盐水浸洗 5~10 分钟，投放于池塘中。因事先施肥培养好的水体中饵料生物比较丰富，鱼苗下塘前几天，不需要人工投喂，待 5 天后，培育的饵料生物被消耗很多，及时向池内使用豆浆、豆渣等，用量为 10 千克/亩，使池内的枝角类大量繁殖而供鱼摄食。在池塘中间的水面上架设一只 15 瓦的防水节能灯，每天（雨天除外）天黑开灯，天亮关灯。根据浮游生物及飞虫趋光性的生物特性，使飞虫从四面八方飞到电灯周围，并跌落到池塘里面供匙吻鲟摄食。培育后期可完全投喂人工配合饲料，日投喂量为鱼体重的 8%~10%，分 6 次投喂。在培养过程中要加强饲养管理工作，除培养水质和及时投饵外，还应加强水质的管理，水体中溶氧低于 4 毫克/升时，必须加注新水或开增氧机及时增氧，发现有害生物要及时清除，以确保饲养成活率。

3. 成鱼套养

(1) 鱼种成活率

经过 40 多天的鱼种强化培育，大部分鱼苗长至 25~30 厘米、重 30~50 克，鱼种共计 4 425 尾，成活率为 89%。此时的苗种抗病力和抵御天敌的能力都比较强，可将鱼种起捕投放到各蟹池进行成鱼养殖。

(2) 成鱼套养与管理

匙吻鲟投放密度为 30~40 尾/亩，分别于 5 月中旬投放到 120 亩的大闸蟹和澳洲淡水龙虾养殖池中。在鱼种分池前，用 3%的食盐水对鱼种浸洗消毒，杀灭鱼体表皮各类病原菌，然后将鱼种缓慢倒入池塘中，投放时应注意温差不宜过大。

成鱼养殖阶段要注意水质的管理，适时调节水质，加注新水。对蟹塘每天进行饲料投喂，使水体中富含大量的浮游生物，可供匙吻鲟的营养需要，整个养殖过程，不需为匙吻鲟单独投喂饲料。

(3) 病害防治

坚持以“预防为主、治疗为辅”的原则，匙吻鲟自身有骨板保护，自然敌害生物较少，匙吻鲟的发病率非常低，只要对蟹、虾等品种的疾病预防到位即可。养殖期间加强池塘的水质调控，防止水质恶化，要定期使用消毒剂，如二氧化氯等改良水质或杀灭病菌。

4. 收获

经过 6 个多月的养殖，于 2014 年 10 月底起捕，共获匙吻鲟 4 250 尾、共计 3 650 千克，平均尾重 0. 86 千克，成活率 96%，平均 50 元/千克销售，总收入 18. 25 万元，纯利润达 15. 6 万元，在不改变大闸蟹产值的情况下，平均每亩净增产值 1 300 元。

技术要点：匙吻鲟鱼苗必须进行前期强化培育，待长到 25 厘米以上，此时鱼种的抗病力和抵御天敌的能力都较强，再分塘投入池塘中进行套养。在成鱼养殖阶段，匙吻鲟主要摄食池塘中的天然饵料，鱼体基本不发生病害，管理成本较低。

四、实例四：匙吻鲟池塘两微高产培育技术

西北农林科技大学安康水产试验示范站 2016 年 6 月 19 日在试验池投放 2 500 尾匙吻鲟鱼苗（均重 75. 93 克，体长 27. 46 厘米，全长 31. 53 厘米）。18#池塘面积 1 194 平方米，水深 1. 5 米，放养密度为 1 367 尾/亩。2017 年 1 月 12 日全部转出，为期 7 个月。

1. 投喂

每天投喂三次，饲料为商品鱼浮性饲料。投喂的具体时间根据天色变化确定，第一次傍晚渐入夜色时投喂，喂完后夜色已完全变黑，早上一次，喂完后，天色刚蒙蒙亮，前期适应阶段（一周），根据摄食情况增加投喂量，投喂时先关停喷水式增氧机 5 分钟，投喂完成后，15 分钟后开启喷水式增氧机，以 50 分钟内吃完为宜。

2. 水质管理

（1）水质监测

每隔 3 天测一次水质，使用水博士检测，分别早 9:00 测定水质，每天监测水温和溶氧，一周测定一次浮游生物量。

（2）泼洒微生态制剂

每隔一周上午 9:00—10:00（选择晴天）泼洒一次，用量 1 千克/亩，稀

释后全池泼洒，后打开微孔增氧机。

（3）微孔增氧机的使用

池塘安装叶轮式增氧机、微孔增氧机和喷水式增氧机 3 种增氧设备。晴天 12:30—14:30 开微孔增氧机、14:30—16:30 开叶轮式增氧机，晴天与阴天其他时间开喷水式增氧机，喂鱼前 5 分钟关闭，喂鱼后 15 分钟打开。

3. 用药

每月使用内服药物（肝胆宝、三黄粉、水产用 Vc 等）一次；杀虫药物与杀菌药物每月使用一次，交替使用。

4. 日常管理

①勤清理进水口、排水口与水面杂物，微流水控制。

②每天填写池塘日志，准确记录微生态制剂、肥料及药品的使用时间和用量。

③定期抽测，每月抽测一次。

④“五巡管理法”：清晨早起、三餐后、睡前巡塘观察水质情况、鱼活动情况，结合投喂观察，防患于未然，将隐患消灭在萌芽状态。

5. 结果

试验期间水温 29～36℃，溶氧≥5 毫克/升，pH 值 7～9.4，亚硝酸盐氮<0.005 毫克/升，氨氮 0.1～0.2 毫克/升，硫化物<0.05 毫克/升。2017 年 1 月 12 日转出 1 302 尾，均重 729.31 克，体长 57.79 厘米，全长 60.45 厘米，亩产 530 千克，成活率 52%，饲料系数为 1.14。

附录

附录 1　匙吻鲟不投饵网箱养殖技术操作规程

1　范围

本规程规定了匙吻鲟养殖环境条件、苗种入箱、管理等技术要求。

本规程适用于不投饵匙吻鲟网箱养殖生产方式。

2　规范性引用文件

下列文件中的条款通过本标准的引用而成为本标准的条款。凡是注日期的引用文件，其随后所有的修改单（不包括勘误的内容）或修订版均不适用于本标准，然而，鼓励根据本标准达成协议的各方研究使用这些文件的最新版本。凡是不注日期的引用文件，其最新版本适用于本标准。

GB 11607	渔业水质标准
GB/T18407. 4	无公害水产品　产地环境要求
NY 5051	无公害食品　淡水养殖用水水质
NY 5071	无公害食品　渔用药物使用准则
NY 5072	无公害食品　渔用配合饲料安全限值
NY/T 391—2000	绿色食品产地环境技术条件

3 环境条件

3.1 产地环境

应符合 GB/T 18407.4 的规定。

3.2 设施条件

3.2.1 网箱类型

常用不投饵鲃吻鮈养殖网箱见表 1。架设 5 W 照明灯一盏，悬挂于网箱上距水面 60~80 cm 处，天黑时开灯诱饵。鲃吻鮈网箱可套养少量花鲢、吃食性鱼类。

表 1　3 种常见网箱结构类型

类型	材料	结构	规格	范围
竹子	粗竹竿、捆绳	单杆单层单箱	8m×8m	鲃吻鮈、花鲢
双管	钢铁、油桶	双管单层、5~8 口/排	6m×6m	鲃吻鮈、花鲢
四管	钢铁、油桶	四管双层、80 口/群	6m×6m	鲃吻鮈、吃食鱼

3.2.2 排布方式

选择水流平缓、水面开阔、背风向阳的库湾排布，网箱对角相连成排，根据水面情况每排设 60~80 口箱，排间距 20 m 以上，与流水方向成小角度排开。网箱放置位置应考虑交通因素。

4 苗种入箱

4.1 苗种选择

全长大于等于 10 cm、体色乌黑发亮、活动力强、无损伤的健康鱼种下箱，禁止病苗、弱苗进入网箱。

4.2 苗种运输

鱼苗运输应避免高温和高密度长途运输，防止机械损伤。不得与有毒有害物一起运输。

4.3 入箱管理

4.3.1 入箱时间

水温达18℃以上、日照时间逐渐增长、水温逐步回升、生物繁殖旺盛、水中网箱已有少量藻类附着时入箱。

4.3.2 入箱处理

入塘前采用逐步换水、苗种包装物带水入塘等方法平衡水温，运输水温与池塘水温差异小于2℃后，用3%食盐水消毒10 min，再加入新水调节，打开苗种袋口，使鱼苗自行游出。

入箱1~4天为适应期，应勤巡箱，及时记录鱼苗活动、摄食和死亡情况，适应期过后及时总结，分析原因，制定控制办法，并将结果反馈给生产厂家。

4.4 放养密度

不投饵网箱养殖匙吻鲟放养密度参数见表2，可根据当地水中浮游生物量、水流速度、光照条件进行调整。

表 2　放养密度变动表

全长（cm）	放养密度（m^2）	网眼大小（cm）
10	10	1 cm
20	8	1 cm
30	6	2 cm
50	4	4 cm
60 以上	2	4 cm

5　管理

5.1　日常管理

根据日出日落时间，制定网箱诱饵灯开关时间，定时巡箱防止意外事故的发生，定期网箱清洗、破损检查。

5.2　分箱换箱

随着鱼苗生长，个体空间和饵料占有量相对缩小，应及时分箱减密，保障鱼种拥有足够水量和生物饵料，防止鱼种摄食不足，引起咬斗和体外伤。出现体外伤鱼种及时隔离。

5.3　捕捞销售

600 g 以上匙吻鲟即可捕捞销售，捕捞作业避免机械损伤；鲜活鱼专车运输，途中应有足够的氧气供应，保障水体溶氧量不低于 5 mg/m^3；运输时间不得超过 6 h，鲜鱼销售应保障氧气供给。

5.4　病害防治

匙吻鲟常见的病害及防治办法见表 3，养殖各方应积极探索应用新技术新成果新产品防病治病的可能，减少疾病病害，提高生长速度。

表 3 常见病及处理方法

病名	发病季节	主要症状	治疗方法
水霉病	4—5 月	背鳍、尾鳍发白霉烂	3.0%~5.0%的食盐水或聚维酮碘药浴，5~10 min
车轮虫病	5—8 月	鳃组织坏死、有黏液	用 0.2~0.25 g/m^3 中草药苦参碱全池泼洒
小瓜虫病	3—5 月 8—10 月	肉眼可见病鱼的体表、鳍条和鳃上布满白色点状胞囊	15.0~25.0 ml/m^3浓度的福尔马林药浴 15~30 min

5.5 洪灾规避

根据天气预报、洪涝灾害预报、水面工程作业等信息，在大风降温、山洪暴发、水下爆破、江河毒物、水面油污、蓝藻红藻爆发前，将网箱移动到安全区域内。

6 检验

6.1 产品产地水质指标按 GB 11067 和 NY/T 391—2000 执行。

6.2 产品药物残留量、重金属按 NY 5071、NY 5072 执行。

6.3 有下列情况之一时进行型式检验：

6.3.1 养殖的匙吻鲟品系发生改变时；

6.3.2 养殖方式发生重大改变时；

6.3.3 投饵养殖时；

6.3.4 养殖水域发生重大污染时。

附录 2　北方地区池塘主养匙吻鲟商品鱼技术规程

1　范围

本规程规定了匙吻鲟商品鱼养殖所需的环境条件，饲养管理与越冬，饵料使用和病害防治技术的具体要求。

本规程适用于我国北方地区池塘主养匙吻鲟商品鱼。

2　规范性引用文件

下列文件中的条款通过本规程的引用而成为本规程的条款。凡是注日期的引用文件，其随后所有的修改单（不包括勘误的内容）或修订版均不适用于本规程，然而，鼓励根据本规程达成协议的各方研究是否可使用这些文件的最新版本。凡是不注日期的引用文件，其最新版本适用于本规程。

GB 11607 渔业水质标准

GB 13078 饲料卫生标准

GB/T 18407.4-2001 农产品安全质量 无公害水产品产地环境要求

NY 5051 无公害食品 淡水养殖用水水质

NY 5071 无公害食品 渔用药物使用准则

NY 5072 无公害食品 渔用配合饲料安全限量

3 环境条件

3.1 产地环境

产地环境应符合 GB/T 18407.4 的规定。

3.2 水质

养殖水质应符合 NY 5051 的规定。

4 池塘养殖

4.1 池塘条件

每个池塘面积2 000.0~6 666.7 m^2，水深2.0~3.0 m。水源充足，排灌方便，水质应符合 NY 5051 的规定。每 666.7 m^2 配增氧机 1 kW 增氧机，每口池塘最少配备 2 台。

4.2 清整消毒

清除池塘过多的淤泥，并经冬季阳光曝晒，鱼种放养前一个月，每 667.0 m^2 面积用生石灰 75.0~100.0 kg 化浆后全池泼洒，以改善池塘底质和杀灭病菌。

4.3 注水施肥

鱼种入塘前 10~14 d，注入新水，每 667.0 m^2 面积增施发酵后有机肥 100.0~150.0 kg，以培养浮游生物。

4.4 鱼种放养

采用主养匙吻鲟模式的池塘放养情况（见表1）

表1 放养情况表

品　种	规格（g/尾）	数量（尾/667.0 m²）	放养时间（月）
匙吻鲟	15.0~40.0	800~1 200	5—6
鲢	30.0~50.0	80~100	5—6

4.5 日常管理

4.5.1 水质管理

水质要求肥、活、嫩、爽，15 d 左右注水一次，使池水透明度保持在 30.0~40.0 cm。20 d 左右每 667.0 m² 泼洒 10.0~15.0 kg 生石灰。天气变化时应及时采取机械增氧措施。高温季节凌晨和午后开机 2~3 h，如遇到阴雨或雷阵雨天气延长开机时间，防止发生浮头。

每 10 d 左右在晴天上午使用微生态制剂一次，用后开动增氧机。

4.5.2 鱼种转食驯化

放养初期以投喂或者灯光诱集浮游动物为主，以后逐步改投浮性颗粒饲料，转食驯化在每天的黎明或黄昏进行为宜。

4.6 投饲管理

4.6.1 饵料

饲料质量应符合 GB 13078 和 NY 5072 的规定，饲料营养应满足匙吻鲟生长的需要。放养初期以培养浮游动物为主，驯化转食后改投浮性颗粒配合饲料。

4.6.2 投饲量

投饲率在正常情况下依据鱼体规格、水温来确定。一般在水温 25.0℃时，日投饲率为 1.5%–3.0%（见表 2），由此计算的投饲量为投饲限量。实际投饲量依据水温来确定，一般为投饲限量的 60.0%～100.0%，见表 3，并根据摄食情况、天气、水质等情况及时调整。

表 2 匙吻鲟日投饲率（水温 25.0℃）

规格（g/尾）	50.0	250.0	500.0	750.0	1 000.0	2 000.0	3 000.0
日投饲率（%）	3.0	2.7	2.4	2.2	2.0	1.7	1.5

表 3 匙吻鲟实际日投饲量

水温（℃）	16～19	20～23	24～27	28～30
实际投饲量（%）	60.0	80.0	100.0	80.0

4.6.3 投饵次数、时间

正常投饲次数为 3 次/d，投饵时间为每天日落之后，夜间 11:30—0:30，早上日出之前。

4.7 鱼病防治

4.7.1 渔药的使用和休药期参照 NY 5071 的要求执行。尽量使用无毒或低毒、低残留渔药，杜绝使用禁用渔药。

4.7.2 幼鱼阶段禁止使用硫酸铜和氯制剂药物。慎重使用重金属盐药物。

4.7.3 发现鱼群有独游、呆滞、打转、少食或明显的体表病症，要立即进行隔离，确诊病原、对症下药、及时治疗。

4.7.4 常见鱼病及防治方法见表4。

表4 常见鱼病及防治方法

<table>
<tr><th>病名</th><th>发病季节</th><th>主要症状</th><th>防治方法</th></tr>
<tr><td>车轮虫病</td><td>5—8月</td><td>鳃组织坏死、有黏液</td><td>用0.2~0.25 g/m³中草药苦参碱全池泼洒</td></tr>
<tr><td>指环虫病</td><td>6—9月</td><td>鳃丝充血、暗红、有黏液</td><td>0.2~0.3 g/m³全池泼洒90%甲苯咪唑全池泼洒</td></tr>
<tr><td>鱼虱</td><td>3—6月</td><td>鱼虱的外形很像小臭虫，大概有2~3 mm，肉眼可见，患病匙吻鲟会出现烦躁不安及个体消瘦等症状</td><td rowspan="2">阿维菌素、氯氰菊酯、溴氰菊酯、氰戊菊酯和曼尼期间精素等药物均有很好的杀虫效果</td></tr>
<tr><td>锚头鳋</td><td>4—10月</td><td>死亡个体瘦小且口腔、身体、鳍部等身体大部分出现体表组织充血发炎，形成水泡状肿胀，水泡中间肉眼可观察到似针状虫体</td></tr>
<tr><td>小瓜虫病</td><td>3—5月
8—10月</td><td>肉眼可见病鱼的体表、鳍条和鳃上布满白色点状胞囊</td><td>5.0~10.0 ml/m³福尔马林全池泼洒</td></tr>
<tr><td>细菌性肠炎病</td><td>6—8月</td><td>腹部膨大、有腹水，肠道发红、有黏液</td><td>饲料中按0.1~0.3 g/kg比例添加20.0%大蒜素制成药饵，连续投喂4~6 d</td></tr>
<tr><td>细菌性烂鳍病</td><td>6—8月</td><td>鳍条腐烂、边缘充血发炎，严重时肌肉外露</td><td>0.15~0.20 g/m³溴氯海因全池泼洒</td></tr>
</table>

4.8 越冬

4.8.1 越冬方式

匙吻鲟越冬最低水温在4℃左右为宜，因此可以进行室外鱼池或温室、塑料大棚保暖越冬。

4.8.2 越冬池

越冬池位置要避风向阳，面积不宜过大，每个池以 666.7~1333.3 m^2 为宜，池深 2.5 m，水深保证 2 m 以上。

4.8.3 越冬时间

当水温低于 8℃时，将鱼移入越冬池内越冬。

4.8.4 越冬期管理

越冬期间，定期清除冰面积雪，保持水质良好和环境安静。

4.9 捕捞上市

鱼体平均体重达 750.0 g 以上，可起捕上市，池塘拉网或干塘起捕。

附录 3　匙吻鲟菜谱

1. 柠香鲟鱼片

原料：鸭嘴鲟 600 克，红、黄小泡椒各 30 克，柠檬 5 片

调料：盐、味精、白糖、白醋各 2 克，色拉油 40 克

制作：鸭嘴鲟宰杀洗净，鱼肉切片，加盐、味精、淀粉腌制 2 分钟，炒锅加油，加入红、黄小泡椒沫，煸炒后加高汤煮开捞出泡椒沫，加调料、柠檬片、鲟鱼片煮两分钟即可。

特点：汤色红亮、鱼肉鲜嫩、有柠檬香，开胃爽口。

2. 吉利炸鲟鱼

原料：鸭嘴鲟 600 克，面包糠 100 克，青、红椒、大葱粒各 5 克

调料：盐、味精、烤肉香料粉各 3 克，蛋黄 1 个，色拉油 1 000 克

制作：鸭嘴鲟宰杀洗净，鱼肉切片，加调味料腌制 2 分钟，炒锅上火加油，油温在升至 130~140℃时，放入腌制好的鱼片加面包糠炸制金黄起锅装盘即可。

特点：外酥内嫩，有肯德基香味。

3. 剁椒蒸鸭嘴鲟

原料：鸭嘴鲟 1 000 克，自制红剁椒 250 克，生姜 5 克，蒜 2 克，小葱

1克

调料：盐1克，味精2克，鸡精2克，十三香2克，蚝油3克，白糖1克，蒸鱼豉油3克，猪油30克

制作：鸭嘴鲟宰杀洗净，鱼带骨切片加入调料腌制1分钟，装盘造型，放上剁椒，上笼蒸6分钟，放入葱花，淋上热猪油即可。

特点：鱼肉鲜香，色泽红亮。

4. 三色鲟鱼丁

原料：鸭嘴鲟1 000克，银杏30克，胡萝卜20克，西芹20克，生姜2克，蛋清1个

调料：盐1克，味精1克，鸡汁1克，淀粉3克，色拉油500克

制作：鸭嘴鲟宰杀洗净，鱼肉去骨和皮切丁，加入盐、味精、蛋清、淀粉腌制1分钟，炒锅上火加油，油温达到120～130℃时，下鱼丁，鱼肉七成熟时起锅。配料用开水捞下起锅，炒锅上火加油20克，放入生姜、配料、调料再加入制作好的鱼丁翻炒均匀出锅装盘即可。

特点：色泽鲜艳、鱼肉嫩滑爽口，营养丰富。

5. 脆香鸭嘴鲟

原料：鲟鱼400克，香辣酥100克，青红椒粒50克

调料：姜片，葱段，精盐，胡椒粉，干生粉，吉吉粉，香油，色拉油适量

制作：鸭嘴鲟宰杀洗净，切成小块放入清水盆中，稍加浸泡并洗净，捞出沥水纳碗，加姜葱段、胡椒粉和精盐腌制入味。将腌制好的鱼块用干毛巾吸干表面的水分，再放入干生粉、吉吉粉拌匀。炒锅中放色拉油烧至五成热时，放入鱼块炸至外脆内熟，再放入青红椒粒稍炸，快速起锅，捞出沥油。

炒锅内留少许底油，放入香辣酥、鱼块和青红椒粒，加入少许盐调味，并淋香油炒匀起锅装盘即可。

特点：外酥内嫩。

6. 百合鸭嘴鲟

原料：鲟鱼 500 克，鲜百合 50 克，彩椒、芦笋片、杏仁片各 10 克

调料：白兰地酒 20 克，柱候酱、烧汁、牛肉汁各 10 克，盐 2 克，白糖 3 克，味精 5 克，色拉油 1 000 克，A 料（蔬菜汁 30 克，盐 5 克，蚝油 2 克）

制作：鲟鱼宰杀洗净去皮，切成 2. 5 厘米见方小块，冲水后加入 A 料腌制 15 分钟，杏仁片用五成热的色拉油，小火炸制金黄色，捞出控油，待油温降至三四成热时，下入鲟鱼，小火滑透，捞出控油，百合、芦笋、彩椒片，分别焯水，锅内放入色拉油 15 克，烧至六成热时，放入百合大火炒匀，用盐调味出锅，装入盘底，锅内放入色拉油 30 克，烧至五成熟时，放入鲟鱼丁，小火煎至七成熟，用牛肉汁、柱候酱、烧汁、白糖、味精调味，烹入白兰地，撒上杏仁片点缀即可。

特点：鲟鱼酒香味浓。

7. 水晶锅巴鸭嘴鲟

原料：鲟鱼 400 克，水晶锅巴 200 克，青红小米椒段 50 克，蒜苔段 15 克

调料：糟辣椒，盐，料酒，白砂糖，湿淀粉，色拉油适量

制作：鲟鱼宰杀洗净切成小方块，纳碗加盐、料酒和湿淀粉码味上浆待用，锅巴下入油锅炸至发泡时捞出放入盘中垫底。炒锅放油加热，先下鲟鱼块和青红小米椒段，过油后倒出来，锅留底油下糟辣椒先炒香，再倒入鲟鱼块、青红椒段和蒜苔段，加盐、白糖调味翻炒匀，略勾薄芡，起锅装盘即可。

特点：锅巴金黄香脆，鲟肉白嫩爽口。

8. 香辣回锅鲟鱼

原料：鲟鱼1条，黄豆芽400克，水发木耳50克，香芹段45克，土豆条100克

调料：盐5克，鸡粉6克，胡椒粉4克，孜然粉、花椒粉各5克，辣妹子酱20克，鸡蛋2个，辣椒节、葱末各10克，淀粉25克，色拉油50克

制作：将鲟鱼去头去尾、改刀去骨、鱼肉片大片、头尾骨制成大块。黄豆芽、木耳香芹段入沸水泡断生，另起锅下色拉油30克入辣椒节炒出味、下入的原料翻炒。入盛器内垫底、土豆条炸至酥脆放在黄豆芽上。将鸡粉、胡椒粉、花椒粉、孜然粉，调成腌鱼粉。取出鱼骨加入1/2腌鱼粉、辣妹子10克，鸡蛋1个搅拌加入淀粉拌匀，鱼片腌法同鱼骨加入剩余的1/2腌料即可。锅上火、下入色拉油烧七八成热，将鱼骨炸熟呈金黄色捞出放入盛器内，然后将鱼片炸成金黄色，捞出放在鱼骨上，撒炒熟的孜然碎，浇炸辣椒节，撒葱末。

特点：口味微辣、鱼肉外酥内嫩、色泽金黄。

9. 虫草花党参炖鲟鱼

原料：鸭嘴鲟600克，虫草花1克，党参1克，枸杞1克，生姜2克

调料：盐2克，味精1克，鸡粉1克，猪油20克

制作：鸭嘴鲟宰杀洗净、切成块用开水过一下，炒锅上火加入猪油，生姜在放鱼块翻炒出香味，再加高汤，配料，烧开倒入砂锅，用中火炖15分钟放入调料煮1分钟即可。

特点：汤浓味香、营养丰富。

10. 回味鸭嘴鲟

原料：鲟鱼1条，熟花生碎50克

调料：小葱花 20 克，A 料（蒜泥 10 克，盐 5 克，味精 5 克，白糖 6 克，味美达酱油 20 克，陈醋 15 克，辣椒油 20 克，芝麻油 4 克，花椒油 12 克）姜片、葱段各 10 克

制作：鲟鱼宰杀洗净，切成片入盘成型，放入姜片葱段入蒸箱蒸 15 分钟，取出拈去姜片葱段，淋入 A 料调匀的味汁，撒入熟花生碎和葱花即可。

特点：入口绵甜，微辣爽口。

11. 麦香鸭嘴鲟

原料：鸭嘴鲟 500 克，鲜小麦 50 克，青红椒粒 20 克，洋葱粒 20 克，干贝丝

调料：XO 酱，老干妈豆豉酱，盐，胡椒粉，干生粉，香料油，色拉油适量

制作：鸭嘴鲟宰杀洗净，切成 1 厘米厚的片，去皮后加入少许盐和胡椒粉腌制，再拍上生粉，下入油锅炸至金黄色捞出摆盘，鲜小麦用清水泡后，入笼蒸熟后，取出来拍上生粉再入油锅炸至金黄色捞出，炒锅上火将麦仁、干贝丝、XO 酱加盐炒香后，出锅围边在鸭嘴鲟周围，另取锅上火，放入适量香料油，烧热，下老干妈酱、青红椒粒、洋葱粒炒香后，覆盖在鲟鱼上即可。

特点：鱼肉鲜嫩，与小麦清香相得益彰。

12. 麻辣鸭嘴鲟

原料：鸭嘴鲟 1 000 克，豆腐块 250 克

配料：米酒 30 克，白醋 20 克，干辣椒段 50 克，花椒 20 克，葱、姜、蒜末各 30 克，火锅底料 200 克，郫县豆瓣酱 20 克，泡椒 10 克，糍粑辣椒 50 克，料酒 20 克，味精 5 克，白糖、米酒各 10 克，鸡精 3 克，大葱蒜瓣各 20 克，色拉油 700 克（耗油 30 克），菜籽油 300 克（耗 20 克）、白芝麻 10 克，

香菜5克，花椒油10克

制作：将鲟鱼改刀成2.5厘米厚的段，用米酒、白醋腌制5分钟后入五成热的色拉油，炸至三成熟。起锅入菜籽油、色拉油烧热下，入干辣椒段、花椒、葱姜蒜末、郫县豆瓣、泡椒、糍粑辣椒、火锅底料加入水1 000克烧开去渣，下入炸好的鱼段、豆腐入味精、白糖、米酒、鸡精大葱段、蒜瓣煮3分钟，盛入酒精炉加热。另起锅入色拉油20克，烧至九成热，浇在鱼上，撒白芝麻、香菜，淋上花椒油即可。

特点：肉嫩味美，麻辣鲜香。

（安康富兴农业科技有限公司赵华淞先生友情提供）

参考文献

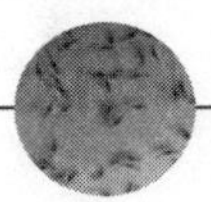

丁庆秋，万成炎，易继芳，等．2010. 匙吻鲟亲鱼培育及规模化人工繁殖技术［J］．水生态学杂志，03（6）：133-136.

丁庆秋，万成炎，易继舫，等．2011. 匙吻鲟苗种规模化培育技术［J］．水生态学杂志，32（1）：142-144.

何裕康．1999. 匙吻鲟的开发前景及养殖技术［J］．中国水产，（4）：25-27.

吉红，单世涛，曹福余，等．2010. 安康瀛湖库区网箱不投饵养殖匙吻鲟的周年生长［J］．陕西农业科学，01：94-96.

江振强．2014. 匙吻鲟水库网箱生态养殖技术［J］．海洋与渔业，64-65.

雷波，贺兵．2015. 虾蟹池塘套养匙吻鲟技术初探［J］．科学养鱼，39（3）：65-66.

林添福．2003. 水库网箱养殖匙吻鲟试验［J］．淡水渔业，33（3）：53-54.

林永泰，蔡志全．2000. 匙吻鲟成鱼摄食虾的食性观察［J］．水利渔业．20（4）：10-11.

刘超，吉红，王涛，等．2012. 基于网箱灯光诱饵技术的匙吻鲟养殖试验［J］．家畜生态学报，33（05）：59-62.

刘超，李婧，吉红，等．2011. 安康地区匙吻鲟池塘和网箱养殖模式比较［J］．陕西水利，（02）：105-107.

刘家寿，胡传林．2000. 论鲟鱼在水库渔业中的地位和作用［J］．水利渔业，20（1）：24-40.

刘家寿，余志堂．1990. 美国的匙吻鲟及其渔业［J］．水生生物学报．14（1）：75-83.

刘香江，呼光富，王长忠，等．2008. 匙吻鲟研究概述及发展前景［J］．北京水产．(3)：19-23.

聂文强，连庆安，吉红，等．2013. 安康瀛湖库区匙吻鲟网箱生态养殖关键技术［J］．渔业致富指南，(19)：45-46.

谭焱文，倪全胜．2008. 匙吻鲟池塘养殖高产技术［J］．河南水产，(1)：21-22.

王凡．2007. 匙吻鲟的生物学特性及养殖技术［J］．湖北农业科学，46（6）：985-986.

吴业彪，林建国．1999. 美国匙吻鲟及其养殖技术［J］．淡水渔业，29（1）：38-39.

殷守仁，赵文，刘保占．2009. 匙吻鲟的生物学特性、成鱼养殖技术及消化系统的解剖［J］. 北京农业，52-56.

游均可．2008. 匙吻鲟人工繁殖与苗种培育技术研究［J］．内陆水产，(10)：36-38.

祖恩普．2005. 活鱼运输技术要点［J］．科学养鱼，(04)：18-19.

Billard R，Lecointre G. 2001. Biology and conservation of sturgeon and paddlefish. Reviews in Fish Biology and Fisheries.（10）4：355-392.

Lin Y T，Cai ZQ. 2000. Studies on the feeding habits of the adult paddlefish Polyodon spathula［J］. Reservoir Fisheries，20（4）：10-11.

Michaletz P H，Rabeni C F，TaylorW W，et al. 1982. Feeding ecology and growth of young of the year paddlefish in hatchery ponds［J］．Trans1Amer1Fish1Soc，111：700-709.

Rosen R A，Hales E C. 1981. Feeding of paddlefish，pologydon spathula. Copeia.（2）：441-455.

Rudolph A Rosen，Donald C Hales. 1981. Feeding of paddlefish，Polyodon Spathula［C］．Copeia，2：441-455.

Wilkensa L A，Hofmannb M H，Wojtenek W. 2002. The electric sense of the paddlefish：a passive system for the detection and capture of zooplankton prey. Journal of Physiology. 96：363-377.